围产期奶牛代谢变化及

马燕芬◎主编

中国农业出版社
北　京

编 写 人 员

主　编　马燕芬

副主编　马　云　张春华

编　者（以姓氏笔画为序）

张力莉　宝　华　赵洪喜　羿　静

徐晓锋

前言

奶牛业是畜牧业的重要构成部分。发展奶牛业是调整优化畜牧业结构的重要内容，是畜牧业发展的新的经济增长点，是改善人民食物结构、提高生活质量、增强人民体质、促进国民经济发展的重要举措。在我国，发展奶牛业具有广阔的前景，我国人口众多，粮食比较紧张，随着人口增长、耕地减少，今后畜牧业发展必然受精饲料不足的限制，依靠粮食来发展畜牧业不是可持续发展之路。奶牛为草食家畜，奶牛业发展要走“节粮型”“秸秆型”之路。同时，奶牛的饲料转化率较高，在各种畜禽中，其能量转化率最高，蛋白质转化率仅次于肉鸡，位居第二位，生产牛奶是最经济的生产方式。虽然我国奶牛业面临着很大的机遇，但是也面临着更大的挑战。奶牛单产低、原料奶品质安全水平差、奶牛养殖经济效益差、奶牛业污染环境、奶业技术进展缓慢、饲养管理粗放等仍然制约着我国奶牛业发展。

随着奶牛产奶量不断增加，繁殖率下降、产犊间隔延长、营养代谢性疾病等问题日趋严重，已成为奶牛场死淘率居高不下和经济效益下降的重要原因。奶牛分娩后诱发的营养代谢性疾病和感染性疾病更是严重制约我国奶牛业生产水平和经济效益提高的一个突出因素，是目前亟需解决的一个实际问题。各种营养代谢性疾病，如酮病、产乳热和继发的感染性疾病，如胎衣滞留、子宫内膜炎等主要发生在泌乳前期，实际上起于干奶期和围产期。尽管这一段时间很短，但对于奶牛整个泌乳期的健康和疾病的防治至关重要。因此，围产期奶牛的饲养管理在减少代谢性疾病、提高产奶量和繁殖率上，其重要性要超过泌乳早期。寻找解决奶牛围产期问题的方法是我们大家要共同关注的课题。

《围产期奶牛代谢变化及易患疾病》一书主要阐述了围产期奶牛的代谢变化，如生理代谢特点、营养代谢特点及营养调控、能量负平衡、健康的影响因素及饲养管理，以及围产期奶牛易患疾病，包括营养性代谢疾病，如酮病、脂肪肝、皱胃移位、瘤胃酸中毒、蹄叶炎、产乳热、乳房水肿、青草痉挛症、乳脂率下降，以及感染性疾病，如胎衣不下、乳腺炎和子宫内膜炎。本书在内容上大量吸收和采用了近10年来的科研成果及生产新技术，较全面地反映了目前国内外在该领域的研究进展。该书可作为畜牧学、动物医学、农学和生物技术等学生，畜牧科研、生产和管理等技术人员的实用参考书。

本书的编写和出版得到了中国农业出版社、宁夏大学、内蒙古自治区农牧业科学院的关心和大力支持。在此，表示诚挚的谢意。

由于编者水平有限，书中难免有不足之处，敬请读者批评指正。

马燕芬

2021年5月17日于银川

目录

前言

第一章　围产期奶牛生理代谢特点　/1

第一节　生理变化　/2
第二节　能量代谢变化　/4
第三节　蛋白质代谢变化　/5
第四节　脂肪代谢变化　/7
第五节　糖代谢变化　/10
第六节　钙代谢变化　/11
第七节　自由基功能变化　/12
第八节　免疫功能变化　/13
第九节　内分泌水平变化　/15
第十节　瘤胃功能变化　/16
第十一节　乳腺发育变化　/18

第二章　围产期奶牛营养代谢特点及营养调控　/20

第一节　营养代谢　/20
一、糖类代谢　/20
二、脂类代谢　/21
三、蛋白质代谢　/24
四、矿物元素代谢　/24
第二节　营养调控　/31
一、围产期奶牛营养需要　/31
二、妊娠后期日粮能量水平调控　/34
三、日粮中糖类来源　/35
四、补充糖异生前体物　/36
五、日粮添加脂肪或脂肪酸　/37
六、妊娠后期限制饲喂　/38

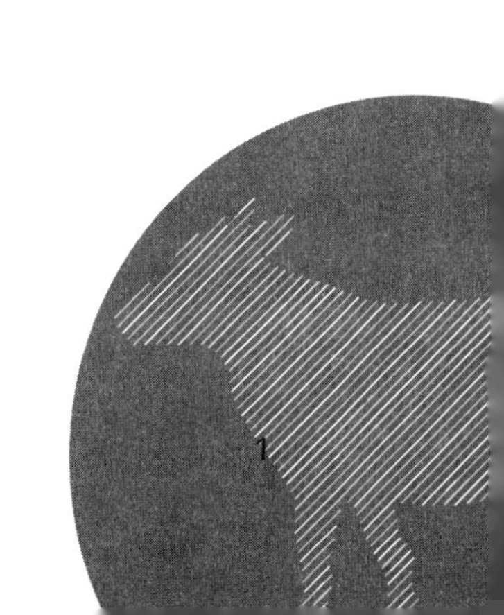

七、日粮蛋白质水平 /39
八、饲料添加剂 /39
九、奶牛围产期营养平衡的评估体系 /40

第三章 围产期奶牛能量负平衡 /50

第一节 能量负平衡的形成原因及诱发因素 /50
第二节 能量负平衡期间的能源物质代谢变化 /51
第三节 能量负平衡对奶牛的影响 /53
一、导致代谢系统疾病 /53
二、降低生产性能 /54
三、降低繁殖性能 /55
四、导致体况及免疫力下降 /55
五、导致奶牛氧化应激 /56
第四节 能量负平衡的监控措施和营养调控措施 /57
一、能量负平衡的监控措施 /57
二、能量负平衡的营养调控措施 /58

第四章 围产期奶牛健康的影响因素及饲养管理 /65

第一节 影响因素 /65
一、糖脂代谢紊乱 /65
二、胰岛素抵抗 /66
三、氧化应激 /69
四、免疫抑制 /71
第二节 饲养管理 /72
一、饲养管理 /72
二、分娩管理 /73

三、疾病管理　/73
四、繁殖管理　/74

第五章　围产期奶牛易患疾病　/76

第一节　酮病　/76
一、概念　/77
二、发病原因　/78
三、发病机理　/79
四、酮病的分类　/85
五、动态变化　/89
六、与其他疾病、繁殖性能、产奶量和经济效益的相关性　/90
七、诊断　/93
八、监控　/98
九、综合防控　/100
第二节　脂肪肝　/103
一、发病原因　/104
二、发病机理　/112
三、危害　/117
四、诊断　/118
五、综合防控　/120
第三节　皱胃移位　/123
一、发生条件　/123
二、发病原因　/124
三、危害　/125
四、综合防控　/126
第四节　瘤胃酸中毒　/126
一、发病原因　/127
二、发病机理　/128
三、危害　/132
四、诊断　/133

五、综合防控 /133
第五节 蹄叶炎 /135
一、发生 /135
二、发病原因 /136
三、发病机理 /139
四、分类和临床症状 /141
五、诊断 /142
六、综合防控 /142
第六节 产乳热 /143
一、发病原因 /144
二、发病机理 /146
三、影响因素 /148
四、综合防控 /150
五、DCAD 概述 /152
第七节 乳房水肿 /159
一、发病原因 /159
二、流行病学特征及危害 /161
三、分类与症状 /161
四、诊断 /162
五、综合防控 /163
第八节 青草痉挛症 /165
一、发病原因 /166
二、综合防控 /166
第九节 乳脂率下降 /167
一、原因 /167
二、妊娠期的营养需要 /169
第十节 胎衣不下 /173
一、发病原因 /173
二、发病机理 /179
三、临床症状 /179
四、危害 /180
五、综合防控 /180

第十一节　乳腺炎　/184
一、发病原因　/184
二、分类及症状　/188
三、危害　/189
四、诊断　/190
五、综合防控　/191
六、治疗　/193
第十二节　子宫内膜炎　/195
一、发病原因　/196
二、发病机理　/198
三、分类　/199
四、影响因素　/200
五、诊断　/203
六、综合防控　/207
七、治疗　/207

参考文献　/213

第一章
围产期奶牛生理代谢特点

奶牛泌乳周期分为泌乳期和干奶期，泌乳期 305d 和干奶期 60d。泌乳期一般分为泌乳早期（也称围产后期，分娩至泌乳 21d）、泌乳盛期（22～100d）、泌乳中期（101～200d）和泌乳后期（201d 至干奶）。干奶期包括干奶前期（306～344d，共 39d）和干奶后期（也称围产前期，345～365d，共 21d）2 个阶段。随着对奶牛围产期研究的深入，其划分逐渐统一化，包括围产前期和围产后期，共 42d。奶牛围产前期胎儿体积达到最大，挤压瘤胃使其容积变小；瘤胃微生物区系发生改变，瘤胃和其他消化、代谢、转化器官机能下降，加之复杂的神经和内分泌调控，干物质采食量（dry matter intake，DMI）显著下降。与此同时，产前胚胎生长发育、奶牛健康维持和产后泌乳启动均需大量营养物质，营养需要显著增加。因此，奶牛往往处于多种营养物质的负平衡状态。其中，能量负平衡（negative energy balance，NEB）受到的关注最多，然后是蛋白质负平衡（negative protein balance，NPB）。为满足营养需要，奶牛适应性地动员体组织储存的脂肪、蛋白质和其他营养物质，用于乳腺泌乳和自身维持，且奶牛产后 DMI 的恢复滞后于产奶量的增加，导致泌乳早期奶牛体重和体况逐渐下降，引发各类临床和亚临床代谢性疾病，威胁奶牛健康，降低泌乳和繁殖性能，甚至减少奶牛生产寿命。

第一节　生理变化

围产期又称为过渡期。国内外对奶牛围产期有着不同的划分标准，以分娩为界将奶牛临产前2～3周划分为围产前期，产后2～3周划分为围产后期。之所以在奶牛饲养管理上将围产期单独划分出来，是因为围产期奶牛饲养管理的特殊性和重要性。在这一时期，奶牛经历了妊娠、分娩、开始泌乳和日粮结构由高粗变为高精等重要的生理、营养、代谢变化，加之分娩前3周奶牛干物质采食量下降超过30%，并且在能量需要增加时限制了能量来源，这也是奶牛能量代谢的一大特点。奶牛分娩后采食的营养物质与产奶所需要的营养物质之间存在一个时间差，且妊娠后期干物质采食量减少，能量的供给常不能满足奶牛维持自身能量代谢、胎儿生长发育和产奶的能量需要，因此使奶牛机体处于能量负平衡状态。另外，胎儿的生长大部分是在妊娠后期完成的，需要有较多的营养供胎儿发育。因此，营养过多或不足都会直接影响胎儿的发育和母牛的健康。能量负平衡不仅会降低奶牛机体免疫功能，而且还会使得这一时期成为临床型酮病及亚临床型酮病、脂肪肝等围产期能量代谢障碍性疾病的高发期。此外，产前母牛的生殖器官易受细菌感染，产后子宫弛缓，子宫颈未完全关闭，恶露滞留，为细菌的侵入和繁殖提供了有利条件，极易诱发奶牛乳腺炎、子宫内膜炎等感染性疾病。奶牛泌乳周期的干物质采食量、产奶量和体重的动态变化见图1-1。

围产期奶牛在经历了分娩、泌乳和日粮变换后，机体产生了很大的生理应激，加之分娩后体况下降，抗病能力减弱，致使围产期成为奶牛产犊周期中一个最为关键的时期。因此，围产期奶牛的饲养管理至关重要，决定了奶牛产后的健康状况、本胎产奶量，甚至

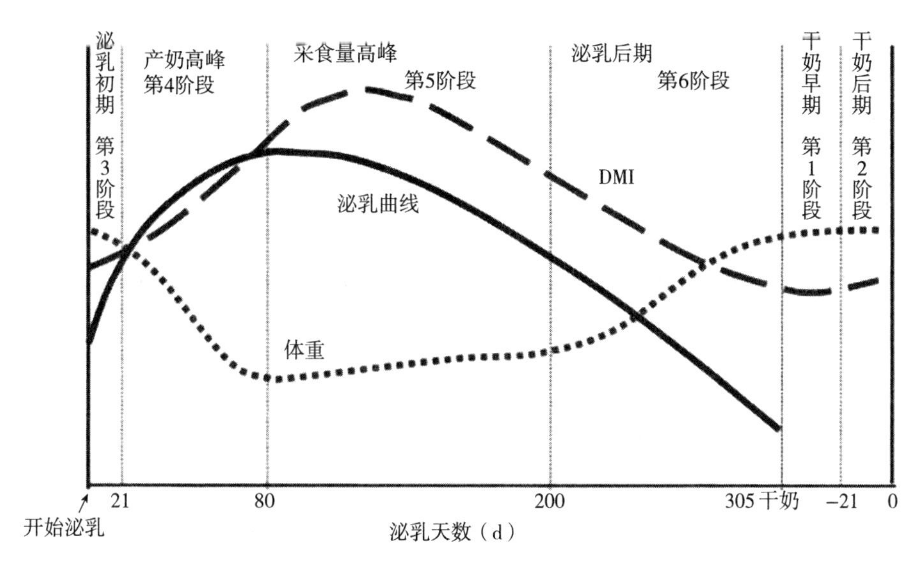

图 1-1　奶牛泌乳周期的干物质采食量、产奶量和体重的动态变化
（苏华维，2011）

影响终生繁殖再生产能力，决定着奶牛的生产水平和牧场的养殖效益。然而在奶牛养殖中，由于围产前期奶牛未泌乳，并且饲养者对奶牛这一特殊时期的生理代谢变化认识不足，往往偏重甚至只关心泌乳牛，而严重忽略了围产前期奶牛的饲养与管理，导致其机体健康水平和生产水平低下，影响了奶牛业发展。因此，有必要系统地对围产期奶牛的生理代谢变化、代谢性疾病、营养需要，以及饲养与管理进行归纳总结，为牧场围产期奶牛的精准养殖提供参考依据。

受多种因素影响，围产期奶牛营养摄入严重不足，机体利用饲料营养的能力下降。为满足母体、胎儿、乳腺更新和产后泌乳的营养需要，奶牛只能通过动员体沉积以应对此特殊生理状态。营养负平衡诱导的体组织动员是奶牛围产期最为显著的代谢特征。体组织动员可在一定程度上缓解奶牛营养负平衡，但也会带来一系列负面问题，如加重肝代谢负担，释放急性期蛋白，影响机体各器官功能；降低瘤胃机能，易发生瘤胃酸中毒；改变蹄部微循环，诱发蹄叶炎；自由基产生增加，而机体抗氧化系统的功能相对不足，极易发生氧化应激；部分代谢产物和自由基损伤免疫系统和免疫细胞，降低奶牛免疫功能，奶牛抵抗各种病原菌入侵的能力下降，易感染多种疾病；其他代谢性疾病，如皱胃移位、乳腺炎和产乳热等。掌握奶牛围产期特殊生理代谢的通路和机理，阐明主要代谢性疾病的发病机理，对于实施围产期奶牛精准营养调控和精细化饲养管理具有非常重要的意义。

第二节　能量代谢变化

奶牛生长发育以及生产所需的能量取决于日粮中能量和干物质的采食量。奶牛在围产前期到产犊这段时间，内分泌系统发生了剧烈变化，胎儿快速生长引起母牛腹部机械增压而压迫瘤胃，加之生理激素发生改变抑制奶牛食欲和日粮突然更换改变瘤胃微生态平衡等，这些因素都导致奶牛在围产期的干物质采食量急剧下降，而由于妊娠后期胎儿的迅速生长和分娩后的泌乳需要，机体对能量的需求急剧增加，并且这时初乳开始分泌，这种分娩后的大量泌乳活动所需要的能量超过了干物质采食量所提供的能量，从而导致奶牛出现严重的能量负平衡和体重损失，这是一种营养应激。

反刍动物的能量代谢不同于其他动物，反刍动物主要靠瘤胃微生物产生的乙酸、丙酸、丁酸等挥发性脂肪酸供能。丙酸可通过糖异生转化为葡萄糖，葡萄糖是供给奶牛能量的最有效的营养物质。奶牛围产期机体内的葡萄糖主要用于妊娠后期胎儿的生长发育和自身能量的代谢。奶牛产犊后机体内的葡萄糖则用于合成乳汁中的乳糖。奶牛在妊娠后期消耗的葡萄糖占母体所产葡萄糖的46%，在泌乳高峰期则高达85%。当摄入能量不足时，葡萄糖缺乏，奶牛会利用体脂来获得能量以保证代谢所需，这就会导致奶牛体重下降，奶牛免疫力降低，影响了奶牛产后的泌乳性能和繁殖性能。

在围产前期，奶牛干物质采食量逐渐下降，尤其是分娩前1周，干物质采食量可急剧下降30%（可从占体重的2%降到1.4%）。而分娩后开始泌乳，乳中的乳糖由葡萄糖转化而来（每产奶20kg就需要1.24kg葡萄糖），约有50%的葡萄糖是来自丙酸在肝中的糖异生，而此时干物质采食量严重不足（在产后10～14周，干物质采食量才能到达高峰）。为此，围产期奶牛需要动员体脂来弥补机体的能量负平衡。奶牛在泌乳后期和围产前期所储存的体脂在激素敏感脂酶（hormone sensitive lipase，HSL）的作用下逐步分解成甘油和脂肪酸，脂肪酸进一步代谢成酯酰辅酶A。一方面，经β-氧化生成大量酮体，当酮体产生超过机体利用而蓄积到一定程度时便引发酮病；另一方面，酯酰辅酶A在肝中再酯化成甘油三酯（triglyceride，TG），并以脂肪微粒形式储存于肝细胞质中，可被肝中有限的溶酶体脂酶水解，产物可被氧化或再酯化，但主要是以极低密度脂蛋白（very low density lipoprotein，VLDL）的形式转运出肝而被外周组织利用，当VLDL合成受阻或不足时，过剩的甘油三酯便在肝细胞中发生浸润，从而引发脂肪肝。因此，低血糖、高非酯化脂肪酸（non esterified fatty acids，NEFA）和高血酮是奶牛能量负平衡的主要血液生化特征。

第三节　蛋白质代谢变化

与围产前期相比，奶牛围产期蛋白质需要量明显增加，主要源于4个方面：第一，围产前期胎儿体积达到最大，其生长发育和生命活动维持均需要大量蛋白质；第二，母牛乳腺上皮细胞大量增殖，乳腺快速发育、更新和修复，为泌乳启动做准备，蛋白质需要量增加；第三，分娩后奶牛即启动泌乳，乳蛋白合成导致大量蛋白质输出；第四，围产期奶牛代谢旺盛且复杂，各类应激和疾病的发生率显著高于其他生理阶段，奶牛维持营养代谢和机体健康需要大量酶和活性物质的参与，其化学本质大多为蛋白质。然而，奶牛围产期机体蛋白质代谢明显不足，主要原因也有4个：第一，奶牛干物质采食量急剧下降，分娩前后几天干物质采食量仅为10～12kg，最高可下降50%，蛋白质摄入量严重不足；第二，瘤胃内环境改变，瘤胃机能下降，易发生瘤胃酸中毒，瘤胃微生物蛋白合成量下降；第三，受神经内分泌、应激和疾病等因素的综合影响，奶牛消化道功能下降，蛋白质消化、吸收量降低；第四，为缓解能量负平衡，大量生糖氨基酸（主要是丙氨酸）进入肝，通过糖异生过程产生葡萄糖，既造成氨基酸浪费，又导致机体蛋白质代谢不足。由上可知，奶牛围产期对微生物蛋白需要量增加，而微生物蛋白供应则明显不足，因此奶牛处于蛋白质负平衡。与能量负平衡相比，蛋白质负平衡并未得到足够重视，相关研究相对较少。在一个经典的试验中，研究人员采用80头奶牛研究了奶牛围产期微生物蛋白平衡的动态变化，发现奶牛围产后期普遍存在蛋白质负平衡，且产后第7天最为严重，其蛋白质缺乏量可达600g。类似地，当以粗蛋白质（crude protein，CP）平衡作为衡量指标时，粗蛋白质负平衡出现在产前1周，但此时并不严重，产后0～7d粗蛋白质负平衡最为严重。奶牛血浆3-甲基组氨酸（3-methylhistidine，3-MH）常被认为是机体蛋白质动员和微生物蛋白质平衡的标志物，但比较营养评估和血浆3-甲基组氨酸的变化规律发现，二者的动态变化并不同步，血浆3-甲基组氨酸含量在围产前期已显著上升，峰值出现于分娩当天，而蛋白质负平衡最低值一般出现于产后0～7d。目前，奶牛围产期蛋白质负平衡的相关研究还比较少，上述发现尚缺乏足够的研究支持，且近5年鲜有相关论文发表。为明确围产期奶牛蛋白质动员和体内脂肪动员与血浆β-羟丁酸（β-hydroxybutyric acid，β-HBA）浓度间的关系，荷兰乌德勒支大学的研究人员发现，一是奶牛分娩前已发生蛋白质动员，且早于体内脂肪动员，这说明蛋白质动员并不仅仅是能量负平衡的结果；二是血浆β-羟丁酸含量高的奶牛，其血浆3-甲基组氨酸浓度反而较低。研究人员提出假设，肌肉蛋白质动员可在一定程度上抑制酮体的产生，此假设尚待研究确证。奶牛围产期蛋白质负平衡的规律是什么？缓解蛋白质负平衡的技术思路及其机理是什么？调控时间点如何选择？这些都是后续研究亟待解决的问题。奶牛干奶期和泌乳早期蛋白质营养平衡关系整个泌乳周期的泌乳性能和机体健康，因而科学合理的营养调控至关重要。基于奶牛围产期的生理代谢特点和蛋白质代谢的基本原理，现有营养策略集中于：一是瘤胃微生态调控，以保障瘤胃健康为基础，以增加瘤胃微生物蛋白和能量前体物质产量为目标；二是适当提高日粮过瘤胃蛋白（rumen undergradable protein，RUP）含量，提高机体微生物蛋白中过瘤胃蛋白的比例，以弥补瘤胃微生物蛋白产量不足的问题；三是以低蛋白质日粮补充过瘤胃氨基酸，保证日粮其他营养素和氨基酸平衡，提高小肠蛋白质利用率，并可降低氮的排泄。

第四节　脂肪代谢变化

奶牛在围产期血液中胰岛素浓度降低，利用葡萄糖的能力下降，此时奶牛靠分解体内脂肪来提供机体需要的能量。脂肪分解产生游离脂肪酸，游离脂肪酸经肝吸收可作为奶牛的能量来源，或者转化为酮体释放到血液中。其中，酮体可作为其他组织所需的能量来源。如果肝无法合成或输出脂蛋白，过多的游离脂肪酸就会以甘油三酯的形式储存到肝中。脂肪分解产生过多的非酯化脂肪酸难以被完全氧化而产生大量酮体，增加了脂肪肝和酮病的患病概率。正常生理情况下，机体的脂肪分解与脂肪合成处于动态平衡，而奶牛在能量负平衡下，需要动员体储脂肪来供应机体维持和乳腺乳汁合成的营养需求，从而导致脂肪分解速度大于脂肪合成速度。脂肪酸合成最初是以乙酰辅酶A为底物，通过乙酰辅酶A羧化酶（acetyl CoA carboxylase，ACC）和脂肪酸合成酶（fatty acid synthase，FAS）等关键酶的作用经过一系列反应合成软脂酸，然后在二酰基甘油酰基转移酶（diacylglycerol acyltransferase 1，DGAT1）催化下二酰甘油（diacylglycerol，DAG）与脂酰辅酶A反应最终合成甘油三酯（TG）。而脂肪的分解动员首先由促进脂肪分解的相关激素，如胰岛素、瘦素、脂联素等通过cAMP依赖性蛋白激酶A可逆磷酸化介导激素敏感酯酶（HSL）的活化，同时磷酸化脂滴膜组成部分围脂滴蛋白（perilipin），从而为HSL进入TG核心提供通道，HSL在sn-1和sn-3位点催化脂肪酸水解酶，单酰甘油脂肪酶（monoacylglycerol lipase，MGL）在sn-2位置上水解剩余的脂肪酸，整个过程产生3分子NEFA和1分子甘油。水解产生的NEFA，迅速与血清白蛋白结合运输到各组织中，甘油通过质膜水通道释放到血液循环中。脂肪分解增强可导致其分解产物NEFA在血液中的浓度升高，因此血液中NEFA水平在实际生产中常作为奶牛能量负平衡（negative energy balance，NEB）程度评价的重要指标之一，在能量正平衡（positive energy balance，PEB）情况下，如泌乳后期和干奶期，血液NEFA浓度平均值一般低于0.2mmol/L，而在围产期内NEFA在分娩前2周增加，然后在分娩后2周内达到峰值，浓度大于0.75mmol/L，当NEB严重时，脂质动员的程度提高，NEFA的浓度可超过1.0mmol/L。

脂肪分解产生的NEFA，一方面可由乳腺摄取以合成乳脂；另一方面在酰基辅酶A氧化酶（acyl-CoA oxidase，ACOX）、过氧化物酶体增殖物激活受体α（peroxisome proliferator activated receptor α，PPARα）作用下通过β-氧化产生乙酰辅酶A，进一步与草酰乙酸共同进入三羧酸循环代谢而完全氧化，供给机体大量能量。但泌乳早期在奶牛NEB情况下，大量NEFA氧化产生乙酰辅酶A，其量超出了三羧酸循环的代谢能力，导致NEFA经乙酰辅酶 A 作用生成酮体 β-羟丁酸（BHBA）、乙酰乙酸与丙酮，且能量消耗较少，其中以 BHBA 为主，BHBA 浓度超过奶牛机体负荷时，其大量蓄积导致酮病发生，进一步使奶牛生产性能下降，消化道功能紊乱等，严重时引起神经毒性。同时，NEFA 不完全氧化产生的 BHBA 水平与奶牛产后皱胃移位、酮病和淘汰率相关。当 BHBA 浓度超过 1.0mmol/L 或 1.2mmol/L 时，奶牛子宫炎、皱胃移位和乳腺炎发病率也升高。BHBA 可能对机体白细胞抗菌机制有不良影响，BHBA 浓度在患感染性疾病奶牛中显著升高，中性粒细胞抗菌能力降低。高酮血症奶牛肝细胞因子信号通路相关核受体的基因表达上调。此外，NEFA 可由肝重新酯化为 TG，再通过极低密度脂蛋白（VLDL）转运出肝，但反刍动物的肝合成 VLDL 的能力有限，可能是由于反刍动物的载脂蛋白 ApoB100 合成能力较低所致，载脂蛋白 ApoB100 是 VLDL 合成和分泌的关键成分之一。因此，能量负平衡下过量的 NEFA 酯化为 TG 后，若不能充分转运出肝，可导致 TG 在肝中积累，进一步诱发肝细胞浸润、损伤肝功能，能量负平衡恶化。在奶牛生产中，脂肪肝的发生与脂肪大量动员密切相关。肝细胞和其他细胞的脂质过度积累可导致机体损伤，包括细胞器的大小、数量的降低。人们研究发现，内皮细胞、平滑肌细胞和巨噬细胞的脂质积累引发的物理损伤可诱导炎症反应。此外，NEFA 和其他脂质代谢产物过度积累的另一个后果是诱导细胞程序性凋亡。脂性凋亡在心肌细胞和胰腺细胞中均有报道，脂酰辅酶 A 与脂肪酸衍生的神经酰胺能够使抗凋亡因子 Bcl2 表达降低，而在啮齿动物中的研究发现，NEFA、棕榈酸（$C_{16:0}$）和油酸（$C_{18:1n9c}$）等脂质动员产物还可通过内质网应激诱导细胞凋亡。由此可见，奶牛围产期由于能量负平衡而导致的脂肪大量动员虽然能在一定程度上弥补机体的能量需要，但其带来的 NEFA 与 BHBA 产量增加会进一步损伤肝功能、恶化能量负平衡以及影响免疫力。在奶牛产犊后逐渐提高日粮中能量水平，改善奶牛产后能量负平衡，可以降低酮病的发病率。奶牛脂肪代谢会降低奶牛体重，奶牛体况的变化可直观地反映奶牛摄入的能量是否能满足奶牛的泌乳需求。良好的体脂储备为提高泌乳高峰期的产奶量奠定了基础。

第五节　糖代谢变化

反刍动物的糖类消化主要是通过瘤胃发酵生成挥发性脂肪酸，再经肝从丙酸糖异生为葡萄糖。产犊后，在采食量尚未达到最大值时，泌乳启动和牛奶产量迅速提高，乳糖合成大大增加了奶牛对葡萄糖的需求。为应对这一变化，机体通过来自日粮或骨骼肌分解的氨基酸与体脂动员产生的甘油为糖异生提供前体物以合成葡萄糖。奶牛肝糖异生的前体物及在不同生理阶段的相对贡献，因采食量、组织动员和能量平衡不同而有所不同。总体上讲，丙酸是最终的生糖先质（60%～74%），然后是乳酸（16%～26%）、丙氨酸（3%～5%）、戊酸和异丁酸（5%～6%）、甘油（0.5%～3%）和其他氨基酸（8%～11%）。机体通过减少葡萄糖氧化利用以增加对乳腺葡萄糖的供应。泌乳早期，在骨骼肌中三羧酸循环的主要酶异柠檬酸脱氢酶活性被下调，骨骼肌葡萄糖的分解代谢间接地转向产生乳酸，间接促进糖异生。为保证乳糖合成需要，骨骼肌葡萄糖转运载体GLUT4丰度在泌乳前4周比干奶期下调40%，而脂肪组织葡萄糖转运载体的表达也在泌乳高峰期最低、泌乳末期提升，提示其他组织葡萄糖利用下降。葡萄糖利用方面，泌乳启动后，奶牛乳腺葡萄糖消耗量占全身葡萄糖消耗量的50%～85%。在泌乳第3周，与干奶末期相比，葡萄糖需求量增加2.5倍。每生产1kg牛奶约需要72g葡萄糖。葡萄糖被输送到乳腺上皮细胞中，转化为乳糖，乳糖的量决定泌乳量。此外，奶牛在妊娠末期和泌乳早期存在胰岛素抵抗，被认为是一种自我适应机制，以确保有足够的葡萄糖供应子宫内胎儿发育和乳腺泌乳。

第六节　钙代谢变化

除能量负平衡和蛋白质负平衡外，大多数经历围产期的奶牛都面临着钙负平衡的问题，且以高产奶牛最为严重。胚胎骨骼发育需要从胎盘摄取大量的钙，随着分娩的临近，奶牛钙需要量增加；奶牛分娩后启动泌乳，牛乳中钙的浓度约为30mmol/L，机体钙的输出急剧增加，而钙摄入量明显不足，且由于内分泌和其他因素的综合调控，钙利用率较低，因此血钙浓度在短时间内快速下降，导致低钙血症（hypocalcemia）的发生。在生产中，低钙血症又分为亚临床性低钙血症（subclinical hypocalcemia）和临床性低钙血症（clinical hypocalcemia），临床性低钙血症又被称为产乳热（milk fever）。钙参与多种细胞信号转导通路，当奶牛发生低钙血症时，白细胞活化过程变慢，影响免疫细胞对有害刺激的响应，诱发免疫抑制，严重威胁奶牛健康，限制泌乳性能的高效发挥。

关于动物肠道钙吸收机制及其调控机理已有一些经典研究和综述，相关研究一直在持续，并陆续有新的通路或调控蛋白被发现。甲状旁腺激素（parathyroid hormone，PTH）在奶牛围产期钙适应和稳态中发挥重要作用。为满足泌乳启动的钙需要，甲状旁腺分泌大量甲状旁腺激素，甲状旁腺激素通过3条途径调控钙代谢：降低尿钙损失；刺激骨钙重吸收；增加1，25-$(OH)_2D_3$（维生素D的活性形式）合成，促进小肠钙的主动吸收。基于奶牛产前机体钙循环通路，为调控奶牛围产期钙平衡，已有一些营养策略用于生产实践，包括以下几个：一是围产前期饲喂低钙日粮。奶牛处于轻微的钙负平衡可促进甲状旁腺激素分泌，在泌乳启动前将奶牛钙吸收和1，25-$(OH)_2D_3$合成调控到较高水平，但考虑到饲料原料的钙含量较高，低钙日粮难以配制，所以生产上奶牛还是采食中等钙含量的日粮。二是降低日粮阴阳离子差（dietary cation-anion difference，DCAD）。当奶牛产前饲喂 DCAD<0 的日粮时，可有效预防低钙血症的发生，但为防止奶牛机体发生较为严重的酸中毒，DCAD 最好不要低于－150。三是日粮添加维生素 D 及其代谢产物，促进日粮钙利用。四是奶牛产后注射甲状旁腺激素，或口服钙制剂，考虑到工作量和成本，仅适用于病牛治疗，不适用于规模化推广。

第七节　自由基功能变化

氧化应激是细胞损伤、功能紊乱和多种代谢性疾病的病理学基础，奶牛围产期免疫抑制是分娩应激、氧化应激、内分泌紊乱等因素共同作用的结果，其根源是多种营养素的负平衡，尤其是能量负平衡和蛋白质负平衡。正常情况下，动物具有维持机体自由基相对稳定的自我生理调控机制，在动物抗氧化防御系统和相关生理信号的调控下，机体自由基的产生和清除处于动态平衡，一般不会发生氧化应激。体脂动员是能量负平衡奶牛获得能量的重要方式，奶牛围产期肝非酯化脂肪酸代谢异常旺盛，产生大量自由基，远远超出机体抗氧化系统的清除能力，因此奶牛处于氧化应激状态。围产后期奶牛氧化应激比产前更严重，这是由于分娩后奶牛启动和维持泌乳需要大量能量，脂肪动员更严重，非酯化脂肪酸代谢更活跃，自由基积累更多，因而奶牛产后发生各类代谢性疾病的风险也更高。氧化应激可对奶牛免疫和其他细胞造成氧化损伤，影响正常生理功能，并降低免疫功能，这也是奶牛围产期易感多种疾病的重要原因。奶牛围产期许多代谢性疾病均与氧化应激有关，如乳腺炎、乳房水肿、子宫炎、胎衣不下等，但其具体机制并不清楚。核转录因子 E2 相关因子（NF-E2-related factor2，Nrf2）通路在氧化应激调控中发挥重要作用，而关于 Nrf2 通路与奶牛围产期主要代谢性疾病之间的关系的研究还较少。因此，以 Nrf2 通路为研究方向，解析代谢性疾病的病因病理，并阐明相关调控技术的作用机理，对保障围产期奶牛机体健康具有重要意义。

氧化应激是氧化剂与抗氧化剂间的不平衡导致的，机体在正常情况下有足够的抗氧化剂（维生素 E、维生素 C、硒等）储备以中和自由基，一旦机体内产生的自由基超过自身抗氧化剂产生的能力，就会出现氧化应激。自由基水平一旦超过正常水平就会直接导致机体发生氧化应激反应。自由基可以破坏细胞膜蛋白的正常功能，势必降低机体正常的免疫能力和生产性能。总抗氧化能力是综合反应抗氧化功能状态的重要指标，宏观上可以表示机体对不正常刺激的抵抗力和机体内氧自由基代谢的情况。丙二醛（malondialdehyde，MDA）则间接反映动物自身自由基代谢状态与脂代谢的过氧化状态。超氧化物歧化酶（superoxide dismutase，SOD）是平衡氧化与抗氧化反应过程中的重要成分，也是清除动物机体超氧自由基的重要因子，有效地保护细胞免受伤害。过氧化氢酶（catalase，CAT）是动物机体内参与活性氧代谢过程中非常重要的物质。围产期奶牛经历了一系列生理应激后体内产生大量代谢性应激源，这会明显增加产后奶牛患病风险。氧化应激使细胞膜和细胞成分过氧化而受损，可能引发免疫系统功能失调以及炎症反应。围产期奶牛基本都会经历氧化应激的现象，产前体况评分越高对氧化应激越敏感，奶牛更容易出现代谢性疾病。

第八节　免疫功能变化

通常在产前 3 周，奶牛的先天性和获得性免疫防御机制减弱，免疫功能发生巨大变化，尤其以分娩时最弱，持续到大约产后 3 周，这表明围产期奶牛处于慢性应激状态。在这一时期，由于分娩前胎儿迅速发育，奶牛和胎儿对能量的消耗增多，同时奶牛瘤胃功能发生变化，食欲减退，干物质采食量下降，奶牛处于能量负平衡状态。围产期阶段的营养需求与生理状况导致奶牛的内分泌发生变化，使血浆胰岛素水平持续降低、分娩时孕激素水平急剧下降、生长激素水平迅速提高，分娩前雌激素和糖皮质激素水平上升，具有免疫抑制作用，加上能量负平衡引起的代谢问题等都会加重围产期奶牛的免疫力下降。

分娩过程中奶牛体力大量消耗，分娩后还需为泌乳做准备，许多疾病的发生都损害免疫体系并降低奶牛抵抗力，主要包括中性粒细胞功能降低、淋巴细胞增殖数量减少、抗体数量和浆细胞的产生减少等。多形核巨噬细胞最主要的功能是抵抗微生物感染，但围产期奶牛由于产生能量负平衡，导致血液中的非酯化脂肪酸和 β-羟丁酸浓度升高，从而削弱中性粒细胞的趋化能力和吞噬能力。在这一时期与免疫相关的中性粒细胞、淋巴细胞、单核细胞亚群的功能受到抑制，机体出现中性粒细胞功能的改变、淋巴细胞增殖反应能力下降、卵清蛋白抗体出现低反应性等免疫抑制现象，从而提高了奶牛对疾病的易感性。

关于奶牛产生免疫抑制的原因和机理，目前尚未定论。围产期特殊代谢模式、体况、环境和饲养管理等均可影响奶牛机体免疫功能和健康状况。为应对机体能量不足，在一系列激素，如生长激素、胰岛素、肾上腺素、胰高血糖素、瘦素、催乳素、雌激素和胰岛素样生长因子-1（insulin like growth factor-1，IGF-1）等调控因子的调控下，奶牛脂肪组织大量动员，肝糖异生作用有所增强，血液非酯化脂肪酸和酮体含量显著升高，非酯化脂肪酸和酮体（主要是 BHBA）可降低奶牛干物质采食量，进一步加剧能量负平衡。同时，高浓度非酯化脂肪酸和 β-羟丁酸可损伤免疫细胞和肝细胞，导致细胞分泌急性期蛋白（acute phase protein，APP），如肿瘤坏死因子-α（tumor necrosis factor-α，TNF-α）和白细胞介素（interleukins，IL）等。其中，IL-6 可抑制雌激素分泌，进而减少黄体生成素（luteinizing hormone，LH）的分泌量，抑制黄体生成；TNF-α可抑制卵母细胞成熟，诱导胚胎凋亡；TNF-α和IL-1β可促进前列腺素$F_{2\alpha}$（prostaglandin $F_{2\alpha}$，$PGF_{2\alpha}$）的分泌，而$PGF_{2\alpha}$对卵母细胞和胚胎发育有不利影响，导致黄体溶解，最终抑制卵母细胞成熟和胚胎发育。因此，多因素介导的免疫抑制不仅威胁奶牛健康，降低泌乳性能，而且还会对奶牛繁殖性能产生不利影响。未来研究应重点阐明奶牛围产期能量和蛋白质负平衡诱发免疫抑制的机理，并关联繁殖和其他生理过程，构建调控网络。

第九节　内分泌水平变化

奶牛在围产期要经历“干奶—分娩—泌乳”这个重要过程，进入围产前期（妊娠末期），由于激素水平的变化，奶牛的内分泌状态发生巨大改变而引起一系列生理和代谢变化，如刺激泌乳、葡萄糖合成和肝糖原分解增加、脂肪动员供能增加、体蛋白代谢增加，以及矿物元素和维生素的吸收利用变化等，奶牛需调整机体的防御机制和内分泌状态，从而为分娩和泌乳做好准备。

围产期奶牛尤其是分娩前后奶牛体内的各种激素水平发生急剧变化，内分泌状态发生明显改变，在分娩前生长激素浓度较低，分娩时浓度达到最大，在产后2周保持较低浓度。孕酮作为维持妊娠的主要调控因子，高浓度的孕酮有利于维持奶牛的妊娠，在妊娠250d之内最高浓度可达到8ng/mL，从分娩前4d迅速下降，在分娩前1d可降到几乎无法检出的水平，在分娩时降至最低，分娩后继续下降并保持在极低水平从而刺激泌乳。在妊娠早期血浆雌激素即胎盘分泌的雌酮维持在相对较低的水平，到妊娠中期上升至300pg/mL，并持续至妊娠第240天，在分娩前1周，血浆雌激素浓度随着糖皮质激素的增加而逐渐上升达到2 000pg/mL，临近分娩时浓度又迅速提高达4 000～6 000pg/mL，分娩后迅速降低。雌激素分泌增加可抑制奶牛食欲而降低干物质摄入量，但在分娩后会立即下降。泌乳开始前，血液中催乳素通过垂体门脉系统进入血液循环刺激乳腺发育。催乳素浓度在整个妊娠期都较低，在分娩前1～2d迅速提高，可促进初乳在分娩前的迅速合成，同时对维持奶牛整个泌乳周期的泌乳具有极其重要的作用。在产前20h由基础水平升高至最大值，产后30h又恢复到产前基础水平。催乳素水平的升高同样可以增强奶牛的母性行为。血浆皮质醇在分娩前3d至分娩再到分娩后1d，其水平从4～8ng/mL上升到15～30ng/mL，分娩后第2天即恢复到正常水平。其变化与分娩时奶牛血糖水平升高有关。能够调节血糖水平的胰高血糖素和胰岛素在妊娠末期和泌乳初期下降。血浆胰岛素水平在分娩前4d急剧升高，分娩5d后降低，然后又升高。生长激素在奶牛妊娠末期分泌量增加，对奶牛的泌乳具有一定的刺激作用。兼有促进泌乳和刺激生长激素分泌作用的甲状腺激素水平在妊娠末期逐渐提高，分娩时下降至50%，分娩后又开始回升。

第十节　瘤胃功能变化

反刍动物无法直接利用单糖，而是靠瘤胃微生物发酵糖类产生的乙酸、丙酸、丁酸等挥发性脂肪酸（volatile fatty acid，VFA）供能，但这些VFA的产量和比例决定于日粮的结构和组成、瘤胃pH，以及瘤胃微生物的数量和种类。进入干奶期，奶牛日粮结构变为以粗饲料为主，能量浓度低，中性洗涤纤维（neutral detergent fiber，NDF）含量高，易消化淀粉的比例减少，造成瘤胃内产乳酸菌，如乳酸杆菌和牛链球菌减少，乳酸产量急剧减少，进而导致将乳酸分解为VFA的菌群，主要是反刍动物新月形单胞菌和埃氏巨型球菌的数量减少。此时，刺激瘤胃乳头状突起生长的主要物质丙酸合成量减少，最终导致瘤胃乳头状突起的萎缩和瘤胃黏膜对VFA的吸收能力下降，瘤胃吸收面积在干奶后1个月内丧失高达50%。此外，高纤维含量的日粮增加了瘤胃内纤维消化菌的数量，但同时也促进了瘤胃内甲烷产生菌的生长，导致瘤胃内能量的流失，降低了日粮能量利用率。日粮的改变可在7～10d内快速改变瘤胃内微生物菌群结构，而瘤胃乳头的充分生长则需要1个月左右，因此产后直接饲喂高精饲料日粮使得对高淀粉日粮适应很快的产乳酸菌快速繁殖而产生大量乳酸，而乳酸分解菌对日粮变化适应较慢，致使瘤胃内乳酸累积（正常状态下瘤胃内仅有少量的乳酸），瘤胃pH急剧下降，加之瘤胃乳头未充分生长，不能有效快速地吸收VFA，从而进一步降低瘤胃pH而引发瘤胃酸中毒。当pH小于6.0时，奶牛干物质采食量及日粮中纤维消化率降低，瘤胃内原虫和许多其他瘤胃微生物失去活性，甚至死亡，瘤胃内微生态平衡被破坏，从而引发健康问题。分娩后，由于脂肪动员，肠系膜脂肪减少，瘤胃干物质体积和液体吸收速率增加，但是液体体积没有增加。在产后10d奶牛对干物质的吸收增加，瘤胃乳头数量增加，内脏重量变化不大。在产后22d奶牛前网胃、小肠、大肠和肝的重量增大。因此，围产期奶牛需做好日粮过渡，以缓慢调节瘤胃内微生态平衡，减少因日粮改变带来的隐患。

如果产犊后直接饲喂高淀粉的精饲料，牛链球菌可迅速繁殖并产生大量乳酸，使瘤胃pH显著降低，抑制了纤维素分解菌和其他微生物的生长，会引起瘤胃酸中毒。通过调整瘤胃微生物区系让牛适应高淀粉日粮，可以增加将乳酸转化为乙酸、丙酸或长链脂肪酸的细菌数量，从而防止乳酸在瘤胃内的蓄积。因此，奶牛在围产期采食的日粮应该逐渐从高纤维的粗饲料过渡到高淀粉的精饲料。由于饲喂日粮发生了变化，微生物区系也相应发生了变化，从而导致瘤胃乳头长度的变化，瘤胃乳头的充分生长需3～6周，粗饲料适应纤维分解菌的生长，可以提高甲烷的产量，不利于丙酸和乳酸的产生，抑制了瘤胃乳头的生长，因此为了调节瘤胃内环境，进行日粮的过渡是非常必要的。由于饲喂饲料的改变，导致了瘤胃中分解这些日粮的微生物菌群和数量也发生了相应变化，其中瘤胃菌群数量在7～10d可发生快速变化，其中高精饲料更适合淀粉分解菌和乳酸利用菌的生长，淀粉分解菌可以产生乳酸，乳酸利用菌可以将乳酸降解为丙酸，从而提高丙酸和乳酸的产量，使瘤胃中的pH在产后淀粉增加后仍能保持在正常范围。

第十一节　乳腺发育变化

乳腺在胎儿生长初期开始发育，在初情前期、初情期、妊娠期和泌乳期受激素影响发生持续变化。围产期奶牛在受胎7个月左右干奶，乳腺退化时乳腺分泌上皮细胞开始凋亡，即程序性细胞死亡，为下一个泌乳周期改造和乳腺细胞更新做准备。乳细胞更新时乳腺分泌物中的中性粒细胞和巨噬细胞数量增加。干奶后第1周，一种类似角质蛋白的物质在乳头管中形成栓塞，有效防止了外部细菌侵入乳房。乳腺分泌物中乳铁蛋白水平增加，乳铁蛋白能够紧密结合铁，使需要铁才能生长的细菌无法结合铁，从而达到抑菌效果。在妊娠后期，奶牛乳房会变大。分娩前10d左右乳房发育迅速，明显膨胀增大，呈面团状，但不发热。产前5～7d乳头管中密封的类似角质蛋白栓塞裂解，初乳中乳铁蛋白水平下降增加了可供细菌利用的铁，使外部细菌更容易进入乳腺中，细菌增多。产前2～3d乳房则极度膨胀，乳房皮肤发红，乳头表面被覆一层蜡状物，挤压乳头能排出少量清亮胶样液体或乳汁。在犊牛即将出生时，初乳合成开始，乳腺细胞开始迅速膨大。乳腺细胞数量是决定泌乳期产奶量的主要因素。在奶牛乳腺中，乳腺细胞内DNA含量从分娩前10d到分娩后10d呈现增加趋势。分娩时大多数奶牛处于低钙血症状态，有的甚至发展为产乳热，这损害了挤奶后奶牛乳头括约肌闭合至关重要的平滑肌的正常功能而易引发乳腺炎。

在妊娠期，孕酮、雌激素、催乳素、生长激素、甲状腺素、胰岛素、糖皮质激素和胎盘催乳素的分泌对乳腺系统的发育也十分重要。生长激素和胎盘催乳素对导管和乳腺小叶腺泡的生长有促进作用，主要参与乳腺生长发育、乳汁生成和维持泌乳。

第二章
围产期奶牛营养代谢特点及营养调控

围产期奶牛营养代谢特征是，分娩前期奶牛干物质采食量减少，分娩后干物质采食量增加缓慢。此时，泌乳启动使机体能量需求进一步增加，奶牛的能量需求却远远得不到满足而处于能量负平衡状态。当干物质摄入减少所致能量负平衡时，奶牛将动员体脂，随着脂肪代谢，血液中的非酯化脂肪酸和β-羟丁酸浓度升高，会发生酮病和脂肪肝等围产期营养代谢障碍性疾病。本章从糖类、脂类、蛋白质和矿质元素代谢等方面，对奶牛围产期营养代谢特征加以阐述。

第一节　营养代谢

一、糖类代谢

葡萄糖作为重要的单糖是奶牛代谢活动的主要能量来源，它既是合成脂肪时所需的还原型辅酶II的前体物，又是合成肝糖原和肌糖原的前体物，对于维持组织器官的正常功能、胎儿生长发育及泌乳是必不可少的。反刍动物体内的葡萄糖主要来源于糖异生作用，糖异生的机理是肝利用生糖先质丙酸及其盐类吸收后转变为的草酰乙酸在肝中转变为葡萄糖的过程。此外，奶牛乳腺组织需要较多的葡萄糖合成乳糖，从每天合成乳糖的数量来看，高产奶牛每天需要3.6～7.2kg 葡萄糖。在分娩后的一段时间内，泌乳量迅速增加，奶牛需要大量提高葡萄糖的摄入量。葡萄糖是卵巢重要的能量来源，在开始泌乳时降低葡萄糖的利用率会对产犊后卵巢的重建产生不利影响。

葡萄糖是主要的代谢能源，对维持重要器官的功能、胎儿生长以及泌乳是必需的。在围产期，奶牛糖代谢的自体平衡主要通过增加肝糖异生（gluconeogenesis）和减少外周组织葡萄糖氧化，使葡萄糖直接合成乳糖，从而满足泌乳需要。从产前 9d 到产后 21d 输出的葡萄糖增加了 267%，而这些葡萄糖几乎全部来自肝糖异生。在反刍动物，肝糖异生主要底物为瘤胃发酵的丙酸（propionate）、三羧酸循环的乳酸（lactate）、蛋白质分解代谢的氨基酸和脂肪组织分解所释放的甘油（glycerol）。围产期，50%～60%的葡萄糖由丙酸生成，20%～30%的葡萄糖来自乳酸，2%～4%的葡萄糖来自甘油。与这些生糖先质不同的是，在围产期至少有 20%～30%的葡萄糖来自氨基酸，这其中贡献最大者为丙氨酸（Ala），其生成的葡萄糖可从产前 9d 的 2.3%增加至产后 11d 的 5.5%；产后第 1 天肝将丙氨酸转变为葡萄糖的能力是产前 21d 时的 2 倍。由此可见，虽然氨基酸不是主要的乳糖生成前体物，但其在产后初期能在短时间内快速合成葡萄糖的特点，可为奶牛产后适应泌乳需要提供保障。支持奶牛大量生成乳汁的能量是通过糖异生提供的。葡萄糖的浓度受机体自体平衡的控制。虽然葡萄糖在代谢中具有中心作用，但由于在大多数围产期疾病过程中均存在不同程度的低血糖，而非某一疾病所特有，因此葡萄糖很少被用作群体监测或研究的特异性分析指标。

二、脂类代谢

反刍动物几乎不因脂肪的摄入而引起血脂升高，日粮中的长链脂肪酸不是先通过肝吸收，而是先被奶牛淋巴系统吸收，这种脂肪能为外周组织和乳腺提供能量。在泌乳早期，脂肪组织中的长链脂肪酸通过加速代谢来缓解采食量与能量需求之间产生的能量负平衡，从脂肪组织中动员来的脂肪酸有20%被乳腺利用，其余大部分以非酯化脂肪酸的形式进入血液并被肝吸收。脂肪在体内首先被分解为非酯化脂肪酸，分解出的非酯化脂肪酸进入体循环并转移到肝。在肝中非酯化脂肪酸有3条代谢途径：一是经过三羧酸循环完全氧化分解为CO_2和水并产生更多的能量；二是进行不完全氧化反应产生酮体物质，这些酮体物质包括β-羟丁酸、乙酰乙酸（acetoacetate）和丙酮（acetate），酮体进入血液成为其他组织的能量物质；三是当肝不能吸收过多的非酯化脂肪酸时，非酯化脂肪酸容易转化为甘油三酯而在肝内蓄积，肝内蓄积的甘油三酯会抑制体内葡萄糖的合成。在泌乳早期，当机体出现能量负平衡状态后，脂类代谢加强，以此满足产奶能量需求。肝中的非酯化脂肪酸的吸收与供给成正比，能量负平衡越严重，就有更多的脂肪组织被分解为更多的非酯化脂肪酸，血浆中非酯化脂肪酸浓度也随着升高。大量非酯化脂肪酸进入肝，造成肝细胞内脂肪堆积或者脂肪沉积。由于过多的游离脂肪酸以甘油三酯的形式在肝中蓄积，导致奶牛形成脂肪肝，降低肝功能，阻碍糖异生，加剧体脂分解，生成更多酮体，从而进入恶性循环。围产期奶牛日粮中添加脂肪有助于降低血浆中非酯化脂肪酸浓度和抑制酮病的发生，这可能是因为日粮能量增加导致体脂动员量降低。泌乳前3d每天在奶牛日粮中添加450g含量为82%的脂肪酸，虽然对产后奶牛血液中非酯化脂肪酸和β-羟丁酸浓度以及肝中甘油三酯含量无显著影响，但能够提高奶牛干物质采食量和泌乳初期的产奶量。

泌乳阶段，脂代谢的自体适应主要是通过动员储备的体脂来弥补泌乳早期能量负平衡造成的亏欠，满足整体能量需求。体脂动员后以非酯化脂肪酸的形式进入血液循环。在泌乳第1天超过40%

的乳脂是利用非酯化脂肪酸生成的。在泌乳早期葡萄糖供应不足的情况下，骨骼肌也需要一部分非酯化脂肪酸作为能量来源。血浆中非酯化脂肪酸浓度会随着采食量不足和能量需求的增加而增加，干物质采食量与血浆中非酯化脂肪酸浓度通常呈负相关。血浆中非酯化脂肪酸浓度的升高可能还与分娩期激素的改变有关。非酯化脂肪酸代谢主要有3条途径：①转运至肝经三羧酸循环完全氧化生成CO_2并供能；②不完全氧化生成酮体；③再次酯化生成甘油三酯（triacylglycerol，TAG），部分甘油三酯以极低密度脂蛋白（VLDL）的形式进入血液循环重新分布，或储存于肝细胞。VLDL的形成依赖于载脂蛋白和胆固醇（cholesterol）。牛体内载脂蛋白的提供先天不足（代谢特征使然），因此反刍动物肝分泌VLDL的能力也受到限制，而甘油三酯的过量产生将使其蓄积于肝细胞基质，引起肝脂沉积症。几乎所有的高产奶牛在产后前几周肝均存在不同程度的甘油三酯蓄积，但甘油三酯对肝产生有害作用的临界浓度尚不明确。肝中甘油三酯的蓄积与肝中丙酸转变为葡萄糖的能力呈负相关（$r=-0.4$）。而肝细胞脂质浸润与葡萄糖异生能力的降低是孤立的，彼此之间似乎并无必然联系。脂质浸润不影响葡萄糖异生，但降低了尿化能力。

酮体主要由肝中非酯化脂肪酸的不完全氧化生成。血液中β-羟丁酸是瘤胃中丁酸盐在瘤胃壁氧化生成的。生酮作用（ketogenesis）是反刍动物正常能量代谢的一部分，如果葡萄糖浓度降低，肝则产生大量酮体以满足机体组织对能量的需求。过量的β-羟丁酸对身体是有害的，而且能引起酮病。在奶牛，对酮体的耐受程度有个体差异。肾是排泄酮体的主要器官，在血液、尿液和乳中均可能含有酮体。因此，酮体监测可用作酮病的辅助诊断。

三、蛋白质代谢

蛋白质是一类重要的生物高分子，它是生命的物质基础，也是细胞结构的主要成分，还是生物化学的催化剂和基因表达的重要调控者。日粮中的蛋白质是动物体内氨基酸的主要来源，反刍动物瘤胃中的蛋白质包括内源蛋白质和饲料蛋白质。饲料中的含氮物质主要在瘤胃、皱胃和小肠中消化吸收。瘤胃微生物将食入的含氮物质在降解酶的作用下降解为肽、氨基酸和氨，在有碳源和能量的条件下，合成各种氨基酸，并以氨基酸为组件合成微生物蛋白，然后在皱胃和小肠中蛋白酶的作用下被消化吸收。通常干奶期奶牛日粮中粗蛋白质含量应在12%左右。妊娠奶牛按照在维持的基础上可消化粗蛋白质的量给予，在妊娠6～9个月时依次增加，为满足围产前期的奶牛需求，日粮中粗蛋白质含量应提高至18%以上。随着产奶量的增加，即使瘤胃中合成的菌体蛋白达到最大限度，但进入小肠的蛋白质和氨基酸仍然不能满足高产奶牛的产奶需要。此时，一方面应提高日粮中的过瘤胃蛋白（氨基酸）饲料比例；另一方面应对奶牛饲喂的过瘤胃蛋白（氨基酸）采取保护措施。

四、矿物元素代谢

奶牛围产期经历了“妊娠—分娩—泌乳”巨大的生理应激，各种矿物元素及相关激素和酶代谢也受到相当大的威胁。任何矿物元素稳衡状态的打破，必然会导致奶牛机体代谢紊乱进而诱发各种营养代谢障碍性疾病。矿物元素约占奶牛体重的5%，占奶牛机体无脂干物质的21%，是牛乳中的重要组成成分。奶牛机体对矿物元素的真正需要量等于维持、泌乳、妊娠和生长所需矿物元素的量的和。如果天然饲料配制的日粮不能满足动物需要或者不能被动物全部吸收，一般会用矿物质饲料或者微量元素添加剂来补充，以满足动物机体需要。对于矿物元素的添加应保证其正常需要量，不能过量饲喂；否则，会对动物的生产性能产生不利影响。育成奶牛对钙、磷的需要量分别为0.4%和0.3%，泌乳奶牛对钙、磷的需要量分别为0.5%和0.3%。围产期奶牛经历产后从非泌乳期向泌乳期的过渡，这对于动物维持矿物元素自体平衡也是一个巨大的挑战，一旦这种稳态失衡则可能发展为威胁奶牛生命和生产性能的诸多疾病，如产乳热（milk fever）和低镁血症（hypomagnesemia）等。血液中钙（Ca）、磷（P）、镁（Mg）和钾（K）等浓度不足均能引起奶牛站立困难，因为这些矿物元素对维持神经和肌肉功能是必需的。一般情况下，这些矿物元素浓度很少有剧烈变动，一旦因特殊生理时期如围产期，或病理变化时其浓度迅速下降，可能引起饲料摄入量减少、瘤胃和肠道运动能力降低、生产能力下降，并且对其他代谢性和传染性疾病的易感性增加。因此，了解围产期奶牛血液中矿物元素浓度的变化，对预防和治疗相关代谢性疾病具有重要意义。

1. 血钙变化

奶牛骨骼和牙齿中含有体内98%的钙，钙与磷一起共同构成骨骼的强度和硬度，余下的2%存在于软组织、细胞外液和血液中。单胃动物胃肠道中形成的草酸盐、植酸盐、磷酸盐等无机盐与钙离子结合形成沉淀，且单胃动物对这些无机盐的水解能力较弱，干扰钙的吸收。反刍动物瘤胃中的微生物对这些无机盐的水解能力强，不影响其对钙的吸收。如果日粮中长期缺钙，将导致后备奶牛患佝偻病，生长发育延迟，成年奶牛产奶量降低且出现骨软症和产乳热等。成年奶牛血液总钙浓度维持在2.0～2.5mmol/L。泌乳对血钙浓度的影响非常显著，泌乳奶牛通过泌乳损失的钙为>5g/d。为了防止由于泌乳启动导致血钙浓度下降，机体必须增加骨钙和肠钙吸收以及肾钙重吸收，从而维持正常血钙浓度，以避免产后瘫痪等疾病的发生。血钙浓度受降钙素（calcitropic，CT）、甲状旁腺素（parathyroid hormone，PTH）和 1，25-二羟维生素 D_3［1，25-（OH）$_2$D$_3$］等的调节，在血钙浓度降低时 PTH 和 1，25-（OH）$_2$D$_3$ 分泌相应增加，从而促进血钙浓度恢复正常水平。血钙浓度轻微降低即能引起甲状旁腺分泌 PTH。在几分钟内，PTH 通过肾小球滤过促进肾对钙的重吸收。如果血钙浓度下降幅度较小，仅在 PTH 的调节下即可恢复正常，并且 PTH 分泌也会降低至基准水平。然而，如果细胞外钙库（calcium pool）中钙消耗量较大时，PTH 的持续分泌会促进骨钙的重吸收。另外，PTH 还能诱导肾产生 1，25-（OH）$_2$D$_3$，1，25-（OH）$_2$D$_3$ 是有效促进肠道对钙重吸收所必需的。1，25-（OH）$_2$D$_3$ 随着血液中 PTH 浓度的增加在肾中由维生素 D 转化而来，其功能是促进日粮中钙穿过肠上皮。荷斯坦奶牛体内钙调节机制见图 2-1。

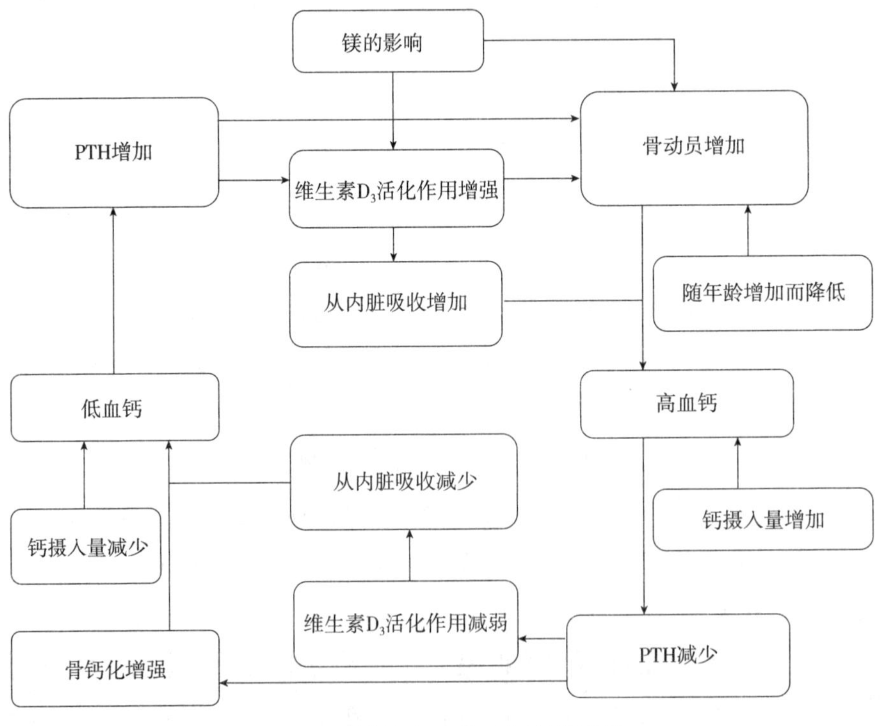

图 2-1　荷斯坦奶牛体内钙调节机制

（Susatma，2001）

在妊娠期，奶牛体内钙的输出途径主要是用于胎儿生长和通过粪便排泄，每天消耗10～12g的内源钙，这些钙可通过奶牛机体自身调节弥补，无须额外补充。但在分娩时，钙的代谢非常迅速，损失大量的钙，极易造成钙代谢失调。在分娩之后的泌乳前期，由于泌乳致使相当一部分钙通过乳汁排出，初乳中约含有2.3g/L的钙，10L初乳就需要钙23g，相当于奶牛自身血钙储量的9倍，分娩后持续泌乳对钙的高需求必将动员机体的血钙储备，同时也会增加骨钙动员和肠道中钙的吸收来弥补高钙需求。然而在分娩后，奶牛肠道吸收和骨骼钙动员机制尚未完全建立，加之分娩前后日粮结构改变，瘤胃消化能力不足，再者干物质采食量降低等因素，致使从肠道中吸收的钙难以弥补分娩和泌乳对钙的高需求。甲状旁腺对颈静脉的血钙浓度非常敏感，当血钙浓度下降时会刺激甲状旁腺大量分泌甲状旁腺素，增强肾对钙的重吸收，减少尿钙的损失量，并且还可以抑制肾小管对磷的重吸收，激活对骨钙的重吸收，起到排磷保钙的作用。当日粮中钙和骨钙不能弥补由于泌乳所损失的钙，从而导致细胞外和血钙浓度的急剧下降而引发低钙血症和亚临床低钙血症。围产期有一半以上的奶牛会出现不同程度的低钙血症。当奶牛体内由于泌乳损失的钙不能由骨钙和肠道中钙吸收得到弥补时，就会损坏机体的神经传递和肌肉收缩功能，最终导致奶牛分娩时子宫收缩无力和分娩后出现产后瘫痪等现象。

2. 血磷变化

磷是组成骨骼的重要矿物元素，是磷脂、磷蛋白、核酸、能量传递分子，也是组成骨骼的矿物元素中仅次于钙的第2种主要成分。血磷的正常浓度介于1.3～2.6mmol/L。维持细胞外磷库（phosphorus pool）稳态，涉及骨和肌肉生长、内生性排泄损失、尿磷损失以及泌乳损失等。磷可来自饲料吸收或骨中磷的重吸收。奶牛体内大约80%的磷在骨骼和牙齿中。磷是瘤胃微生物消化纤维素、合成菌体蛋白质的必需元素。瘤胃细菌能消化植酸（phytic acid），因此植酸磷（phytate-bound P）是反刍动物最重要的吸收形式。磷主要在小肠通过主动转运的形式被吸收，该过程受1,25-$(OH)_2D_3$的调节。血浆中磷浓度很低时能直接促进肾产生1,25-$(OH)_2D_3$，因此理论上在磷缺乏时小肠对磷的吸收率呈上升趋势。然而，事实上只有当血磷浓度降至极低水平（0.3～0.6mmol/L）时才能促进肾产生1,25-$(OH)_2D_3$。血磷浓度一般情况下与日粮中吸收的磷浓度变化一致，过量吸收的磷需要通过尿和唾液排泄。奶牛分娩前后，血磷浓度通常会低于6mg/100mL以下，过低的血磷浓度能够刺激肾产生1,25-$(OH)_2D_3$，促进磷被吸收入血。在低钙血应激时产生的PTH会增加肾和唾液排泄磷的量，对产后血磷水平的维持极为不利，所以低钙血症有引发低磷血症的危险。虽然磷水平与钙调节没有直接关系，然而当血磷浓度高于2mmol/L时，会直接抑制1,25-$(OH)_2D_3$的生成，从而间接抑制了奶牛肠道的钙吸收功能。

妊娠后期胎儿骨骼的发育需要母体供给磷10g/d。动物组织（如肌肉）每增长1kg需磷约0.3g，每产1kg奶约需从细胞外磷库中摄取1g磷。每天唾液腺从细胞外磷库中移除的磷为30～90g，主要用于瘤胃中pH缓冲体系的维持，进入瘤胃的磷在小肠中重吸收从而再次进入细胞外磷库，以此维持细胞外磷恒定。钙应激期产生的PTH能增加肾和唾液排泄磷的量，这可能对维持正常的血磷浓度是不利的。这也是低钙血症奶牛常具有发展为低磷血症（hypophosphatemic）趋势的原因，因为PTH能促进骨骼重吸收，因此增加PTH的分泌量可提高血磷浓度，但实际上相比PTH对磷的排泄作用，这种重吸收的作用微乎其微。虽然PTH能促进肾产生1，25-$(OH)_2D_3$，但1，25-$(OH)_2D_3$最终能增加肠对磷的吸收，可在一定程度上纠正血磷酸盐过少。然而，我们必须明确的是促进PTH分泌的是低钙血症，而非低磷血症。

3. 血镁变化

镁是代谢通路中重要酶的辅助因子，是一种重要的细胞内阳离子。细胞外镁对维持正常的神经传导、肌肉功能和骨骼形成都是非常重要的。镁参与正常的神经信号传导、肌肉功能及骨骼的形成等。牛血浆中镁浓度正常范围在0.75～1.0mmol/L（1.8～2.4mg/dL），牛乳中镁的含量约为5.2mmol/L，一头体重500kg的奶牛血液中含镁总量约为0.7g，整个细胞外液中含镁约2.5g，约70g镁在细胞内，骨骼中含镁约170g。乳中镁浓度约为5.2mmol/L。在泌乳初期，乳的形成能快速消耗细胞外镁，一旦镁不能及时补充将导致低镁血症的发生。虽然骨中含镁量最为丰富，但与钙不同的是，骨中镁不能通过重吸收的形式弥补镁缺乏。由此可见，正常镁浓度的维持几乎完全依赖于奶牛对日粮中镁的吸收。因此，采食量不足的奶牛经常发生轻度到中度的低镁血症。奶牛围产后期的泌乳阶段，因乳的合成和分泌大量消耗细胞外镁，如果得不到有效补充奶牛就会出现卧地不起、抽搐或眼球震颤等低镁血症状。一般低镁血症常伴随着严重的低钙血症，奶牛血镁浓度介于0.5～0.8mmol/L时，常出现进食缓慢、产奶量下降等现象。

犊牛和羔羊主要通过小肠吸收镁。随着瘤胃和网状组织的发育，这些器官成为镁的主要吸收位点。在成年反刍动物，小肠是镁的主要分泌器官而非吸收器官。瘤胃中镁的吸收与瘤胃液中可溶性镁的浓度和镁转运机制的完整性有关。瘤胃液中可溶性镁的浓度决定于饲料中镁的含量。然而，当瘤胃液pH＞6.5时，可溶性镁的浓度迅速下降。饲料中经常含有100～200mmol/kg的不饱和软脂酸、软脂酸和亚麻酸，这些物质在瘤胃中能形成难溶的镁盐，从而影响镁的吸收。瘤胃中镁穿过瘤胃壁的过程依赖于钠泵。当日粮中钠不足时，补充钠能促进瘤胃镁的转运，但是钠的增加可促进镁通过尿排泄，因此通过添加钠来促进瘤胃镁的转运可能被否定。另外，日粮中钾含量过高能降低镁的吸收量，这是因为瘤胃液中高浓度的钾使瘤胃上皮顶端膜去极化，降低了瘤胃壁转运镁所必需的电势，从而抑制了镁的吸收。高钾所引起的负效应，不能用日粮中补充钠的方法加以解决。大多数镁是通过肾小球滤过被肾小管重吸收的。当血镁浓度达到一定浓度时，通过肾小球滤镁的总量将会超过肾小管的重吸收能力。这个点被认为是肾重吸收镁的临界点。牛肾的重吸收镁的临界点约为血镁＞0.74mmol/L。在产后初期或病理条件下，血镁浓度降低到一定程度时会出现低镁血症（又称青草搐搦或青草蹒跚，grass tetany）的临床症状，如卧地不起、抽搐和眼球震颤等。这些症状只有在血镁浓度降至 0.4～0.5mmol/L 时才能观察到。一般低镁血症常常伴发严重的低钙血症。牛血镁浓度在0.5～0.8mmol/L 时，虽然不表现任何临床症状，但经常表现进食缓慢并且产奶量下降。饲料中补充镁后一般能在短期内（1 周）痊愈。

4. 血钾变化

有关奶牛体内钾代谢的研究较少，因为大多数饲料中都含有丰富的钾。然而，严重的低钾血症（hypokalemia）也时有发生。患该病的牛常常表现为肌无力和卧地不起等症状。奶牛低钾血症、低钙血症以及低镁血症等在兽医临床现场处置中由于症状相同或相似，因此很难做出准确诊断。大多数典型的重度低钾血症（血钾浓度＜2.5mmol/L）发生于长时间禁食后，经常继发于其他疾病。例如，酮病即为引起食欲不振的因素。血钾浓度介于3.9～5.8mmol/L，细胞外钾在维持渗透压稳定和酸-碱平衡中具有重要作用。细胞内钾浓度介于 150～160mmol/L，主要参与蛋白合成和糖类代谢，是重要的辅助因子，并且在细胞内渗透压和酸碱平衡中起主要作用。细胞内液和细胞外液中钾浓度的比率是静息细胞膜电位的主要决定因素，能影响神经核肌肉细胞的兴奋性。虽然钾能在细胞外液和细胞内液间移动，然而这种移动不总是具有预见性的，因为血钾浓度正常不能表明细胞内储存的钾正常，血钾浓度的异常也不能被视作细胞内钾浓度异常的可靠指标。

综上所述，围产期奶牛的生理特点及营养代谢特征的研究已成为奶牛营养学和生理学的探索重点。围产期是奶牛饲养和生产中最关键的时期，决定着奶牛生产性能的好坏。预防围产期能量代谢性疾病的发生，缓解能量负平衡，以提高奶牛养殖的经济效益。

第二节　营养调控

围产期奶牛经历了营养、生理和代谢等诸多方面的极大应激，需要调节自身葡萄糖代谢、脂肪酸代谢和矿物质代谢以适应泌乳的需要。NRC（2001）将围产期奶牛营养管理作为独立章节进行了详细阐述。已有大量研究证实，许多围产期奶牛常见疾病都是相互关联的，并且都与围产期日粮密切相关。因此，如果采取有效的营养调控措施降低围产期奶牛疾病的发病率将会大幅提高奶牛整个泌乳期的产奶量。

一、围产期奶牛营养需要

奶牛营养需要主要包括维持、生长、妊娠、泌乳等生命和生理活动的营养需要。随着研究的深入，其剖分更加精细化，如微生物、抗应激和免疫的营养需要等。精准、高效是奶牛营养需要的发展方向，其与多个因素有关，如品种、生理阶段、泌乳性能、体重体况、采食量、饲料原料和饲养管理等。在实际生产中，既要参考营养标准，又要结合生产实际，以奶牛营养基本原理和方法为基础，准确评定饲料原料的营养价值，抓住关键营养指标，实现精准供应。对围产期奶牛而言，日粮关键营养指标有：①糖类指标群。泌乳净能（net energy of lactation，NE_l）、代谢葡萄糖（metabolizable glucose，MG）、非纤维性糖类（nonfibercarbohydrate，NFC）、淀粉、瘤胃可降解淀粉（rumen degradable starch，RDS）、RES、NDF、ADF、peNDF和糖类平衡指数（carbohydrate balance index，CBI＝peNDF/RDS）等。其中，MG体系由内蒙古农牧业科学院卢德勋研究员提出，CBI由徐明博士和姚军虎教授等提出。②蛋白质指标群。粗蛋白质（crude protein，CP）、代谢蛋白质（metabolizing protein，MP）、瘤胃可降解蛋白（rumen degradable protein，RDP）、微生物蛋白（microbial protein，MCP）、瘤胃非降解蛋白（rumen undegraded protein，RUP）、必需氨基酸（essential amino acids，EAA）、非必需氨基酸（non-essential amino acids，NEAA）、限制性氨基酸、氨基酸平衡、赖氨酸/蛋氨酸（Lys：Met）等。③脂类指标群。粗脂肪（ether extract，EE）、过瘤胃脂肪（rumen-protected fat，RPF）、脂肪酸（fatty acids，FA）、不饱和脂肪酸（unsaturated fatty acids，USFA）、饱和脂肪酸（SFA）、长链脂肪酸（long chain fatty acids，LCFA）和短链脂肪酸等。④矿物质和维生素指标群。DCAD、钙、磷、镁、可吸收钙磷、微量元素和维生素等。现行奶牛营养需要量标准为NRC（2001）和中国的《奶牛饲养标准》（NY/T 34—2004）。在此期间，奶牛营养基础和应用研究又取得一系列成果，营养标准有待更新。此外，CPM-Dairy软件可通过设置牧场、环境、牛群等参数计算奶牛营养需要，评估日粮营养成分，预测瘤胃健康、生产性能等参数，优化饲料配方，但CPM-Dairy软件是以NRC（2001）和康奈尔净碳水化合物和净蛋白质体系（cornell net carbohydrate and protein system，CNCPS）的模型及公式为基础研制的，也略显陈旧，且CPM-Dairy饲料数据库源于美国实测值，与国内数据库的饲料营养参数和估测公式必然存在差异，若在国内直接应用会大大降低其精准性。西北农林科技大学姚军虎教授课题组近年采用实验室化学法和近红外技术分析了我国奶牛主要饲料原料的营养价值，并与美国宾夕法尼亚大学合作，将数据导入 CPM-Dairy，开发出了具有中国饲料库的 CPMC-Dairy，提高了其在国内应用的可行性。当然，随着新版 NRC《奶牛营养需要》的呼之欲出，营养模型和理念必然发生较大变化，届时 CPMC-Dairy 软件也需进行版本升级。

明确奶牛围产期营养需要量参数是精准配制日粮的基础和前提，从产前 40d 到 90d，奶牛干物质采食量先下降再上升，产前 1d 干物质采食量为 10.1kg。随着分娩的发生，奶牛 NE_l 和 MP 需要量显著增加，分别从产前 1d 的 14.5Mcal*/d 和 810g/d 增加到产后 11d 的 27.9Mcal/d 和 1 643g/d；从产前 40d 到产前 1d，奶牛维生素 A 和维生素 E 的需要量不断增加、这可能与奶牛体脂动员增加、脂质代谢旺盛，导致自由基不断积累，机体抗氧化能力下降，抗氧化剂的需要量增加有关。目前，新版 NRC《奶牛营养需要》（第 8 次修订版）正在修订中，在营养需要和模型、奶牛福利和牧场规划、饲养管理等方面进行更新，顺应奶业现代化、集约化和精细化的发展需求。因此，奶牛围产期营养需要量参数、调控技术和标准操作规程也将发生改变。

奶牛在围产期的营养需求也发生较大变化。胎儿的生长主要在妊娠后期完成，此时需要较多的营养物质，但营养过剩或营养不足都不利于胎儿发育和母体健康，因此围产期奶牛的日粮配制要分阶段进行，要综合考虑奶牛在各阶段的干物质采食量、能量、粗蛋白质、矿物元素以及维生素的需求，要及时调整，合理供应，以保证奶牛健康地度过围产期。围产期奶牛的营养需求分为围产前期和围产后期，其营养需要见表 2-1。

---

* 卡（cal）为非法定计量单位。1cal=4.184 0J。——编者注

表 2-1　围产期奶牛营养需要（以干物质为基础）

（引自叶耿坪等，2016）

项目	围产前期	围产后期	项目	围产前期	围产后期
DMI（kg）	>10	>15	Se（mg/kg）	3	3
NE_l（Mcal/kg）	1.40～1.60	1.70～1.75	Cu（mg/kg）	15	20
CP（%）	14～16	18	Co（mg/kg）	0.10	0.20
NDF（%）	>35	>30	Zn（mg/kg）	40	70
NFC（%）	>30	>35	Mn（mg/kg）	20	20
Fat（%）	3.0～5.0	4.0～6.0	I（mg/kg）	0.60	0.60
Ca（%）	0.4～0.6	0.8～1.0	维生素 A（IU）	85 000	75 000
P（%）	0.30～0.40	0.35～0.40	维生素 D（IU）	30 000	30 000
Mg（%）	0.40	0.30	维生素 E（IU）	1 200	600

二、妊娠后期日粮能量水平调控

关于围产期日粮调整一直存在争议，产前“高能饲喂”观点指出产前高能日粮不但要最大限度地满足机体能量需求，而且要减少奶牛产后换料应激，更好地适应产后高精饲料日粮，促进瘤胃微生物生长及瘤胃乳头发育。“低能饲喂”观点认为，产前低能日粮饲喂可使奶牛产后代偿性地增加能量采食量，提高产奶性能。产前控制能量的摄入更有利于由围产期向泌乳期平稳过渡，并可防止产后代谢性疾病的发生。产前日粮能量水平对产后泌乳性能没有影响。围产前期饲喂高能日粮损伤奶牛肝功能，减弱糖异生和脂肪酸代谢，但不减少脂肪组织的胰岛素抗性。干奶期过度的能量供应能改变肝中关键基因的转录表达，但很少改变脂肪组织中关键基因的转录表达。围产前期饲喂低能日粮降低了奶牛产前的干物质采食量变化应激，提高了产后的干物质采食量和产奶量，降低了体脂动员量，有利于缓解产后能量供需负平衡，低能日粮显著提高了围产前期奶牛 NEFA 的浓度以及产后的血糖浓度，显著降低了产后

NEFA 和 β-羟丁酸浓度。降低能量负平衡，日粮是核心因素，但关于日粮能量水平的问题还需要进行深入研究。

根据 NRC（2001）推荐标准，从干奶到产前 21d 的奶牛日粮应含有 5.25×10^{3}MJ/kg DM 的产奶净能，分娩前最后 3 周需提高到（6.475～6.805）×10^{3}MJ/kg DM。一些研究支持在产前 2～3 周饲喂高能日粮的观点，即产前高能饲养的奶牛在产后的干物质采食量更多。在干奶期最后 4 周增加日粮能量浓度，可改善产犊时奶牛的体重和体况评分，提高了泌乳早期的生产性能。但在干奶期饲喂高能日粮实际上会对奶牛在泌乳早期阶段造成持续有害的影响。干奶后期饲喂低能日粮的奶牛在产后食欲恢复较快，干物质采食量明显增加。通过提供过渡日粮来缓解能量负平衡，即产前能量提高到产后的水平使奶牛提前适应产后日粮，但未发现对生产性能有促进作用，饲喂过渡日粮的奶牛脂质动员反而加剧，更易产生酮病。然而，近年也有产前日粮的能量水平对产奶量没有显著影响的报道，认为这可能是由于机体通过动员体脂来维持乳汁合成而使产前的处理效果被削弱所致。

三、日粮中糖类来源

日粮中非纤维性碳水化合物（NFC）来源的不同将会对奶牛的干物质采食量产生影响。在产犊前应饲喂比传统日粮中 NFC 含量更高的日粮，以利于促进瘤胃上皮细胞发育来更好地吸收瘤胃发酵所产生的 VFA。将饲喂大量低质干草改为饲喂含大量谷物日粮的干奶牛所发生的适应性改变证实了这一观点。围产期奶牛干物质采食量与日粮中 NFC 的含量呈正相关。然而，围产期奶牛饲喂更多的精料型日粮并不会引起瘤胃上皮细胞发生改变。不管瘤胃上皮细胞是否会发生变化，高 NFC 的日粮都能促进瘤胃微生物对日粮 NFC 水平的适应，尤其是在泌乳期饲喂更为明显，也能提供更为丰富的丙酸盐以满足肝糖原的异生和产生更多的微生物蛋白，从而满足机体维持妊娠和乳腺发育的能量及蛋白质的需求。

四、补充糖异生前体物

糖异生前体物主要有丙酸、生糖氨基酸、乳酸和甘油。从数量上来讲，丙酸和生糖氨基酸是较主要的 2 种。很多研究表明，给围产期奶牛直接口服丙二醇可降低血液中 NEFA 的浓度，有时也能降低血液中 BHBA 的浓度，但将丙二醇混入 TMR 中饲喂不会产生类似的影响。产前 2d 开始口服丙二醇可降低血液中 NEFA 的浓度，提高泌乳早期的产奶量。日粮添加丙二醇有益于改善泌乳早期奶牛能量平衡状况，且适宜添加量为 300mL/d。随后有研究认为，产后投服丙二醇对奶牛的生产性能没有影响。因此，丙二醇对生产性能的影响的研究结果并不一致，这表明对丙二醇的使用还需进行进一步研究。有研究通过在日粮中添加甘油以试图缓解围产期奶牛的能量负平衡，结果发现，瘤胃发酵显著改善，丙酸比例增加，然而产后泌乳性能没有明显的提高，而且高剂量的甘油会降低奶牛血浆葡萄糖浓度、提高血液 BHBA 浓度。日粮中添加 200g/d 和 300g/d 的甘油均能显著改善泌乳早期奶牛能量负平衡，减少体重损失。饲喂大约 110g/d 的丙酸盐并不影响奶牛产奶量，但会引起血液中 NEFA 浓度和尿酮指数短暂降低。围产期奶牛饲喂 113.5g/d 的丙酸盐对干物质采食量、产奶量或血液 BHBA 浓度没有影响。部分原因可能与丙酸的供给量相对瘤胃的生成量比例较低有关。泌乳奶牛从精粗比为 45∶55 的日粮中摄入 16kg/d 的干物质可在瘤胃中产生大约 1 000g/d 的丙酸盐。因此，如果奶牛能摄取足够量的日粮，那么相对于丙酸的总供给量而言，添加的丙酸盐仅能为奶牛提供极少部分的丙酸。总之，目前在生产中并不支持给围产期奶牛补饲丙酸盐，无论是通过 TMR 添加还是以丸剂添加。以上结果说明，生糖先质的作用效果不仅与添加的种类和剂量有关，而且与服用的方式有关。

五、日粮添加脂肪或脂肪酸

脂肪是一种高能量的物质，对解决围产期奶牛的能量负平衡问题、提高其生产性能具有特殊的作用。日粮中的长链脂肪酸首先被奶牛淋巴系统吸收，而不是先通过肝，这种脂肪能为外周组织和乳腺提供能量。日粮添加脂肪有助于降低血液中NEFA浓度和预防酮病的发生，这可能是因为获得能量增加导致体脂动员量减少。虽然临产期添加脂肪不会降低血液NEFA浓度，但有关围产期奶牛日粮补充脂肪的研究却从未停止。在整个干奶期饲喂6.7%的脂肪，奶牛在围产前期实质上减少了甘油三酯（TG）在肝的聚积，这主要是由于添加脂肪导致干物质采食量降低而引起的。在泌乳前3d通过投喂454g/d脂肪添加剂（脂肪酸含量为82%），对产后奶牛血液中NEFA和BHBA的浓度以及肝中TG浓度无影响，但干物质采食量和泌乳初期的产奶量有下降趋势。给产后13～80d的奶牛饲喂一种含有共轭亚油酸（CLA）异构体的钙盐混合物，发现CLA异构体添加剂在产后第14～28天没有任何作用，但能提高奶牛在35～80d的产奶量，降低乳脂率，但不能改善能量负平衡。给产前14d到产后140d的奶牛饲喂CLA异构体添加剂，发现奶牛乳脂率和产奶量在产后21d开始降低，而饲喂过瘤胃CLA异构体添加剂则可使泌乳早期产奶量升高，但对改善能量负平衡无作用。在围产期和泌乳早期给奶牛饲喂反十八碳烯酸，其肝中TG浓度下降，但肝中TG浓度并不会因为饲喂CLA异构体添加剂而下降。这2种脂肪酸对奶牛肝脂肪代谢的影响似乎不同，因此还需要进一步的研究。

调节瘤胃发酵和脂肪代谢的莫能菌素在瘤胃中的主要功能是减少瘤胃中乙酸盐和甲烷的生成，提高丙酸盐的产量以及瘤胃发酵的总能量效率。给围产期和泌乳早期奶牛投服莫能菌素缓释胶囊可使亚临床酮病降低50%。产后奶牛投服莫能菌素缓释胶囊除了降低血液BHBA浓度以外，还有助于提高血糖浓度。给产前肥胖奶牛(BCS=4.0）添加莫能菌素缓释胶囊后，泌乳早期的产奶量显著提高。然而，从产犊前28d一直到产犊时饲喂300mg/d莫能菌素缓释胶囊并不改变产后血中NEFA和葡萄糖的浓度。预产期前1周投喂莫能菌素缓释胶囊对产后的血液NEFA浓度也没有影响。临产期饲喂300mg/d莫能菌素缓释胶囊不影响瘤胃中丙酸盐的生成，并且莫能菌素也只能对葡萄糖代谢动力学产生微弱影响。目前尚不清楚莫能菌素对奶牛亚临床酮病和泌乳性能的影响是不是由葡萄糖或NEFA代谢直接介导的，然而莫能菌素以微胶囊形式或直接添加在饲料中仅可产生持续的作用。营养调控除了要降低血液NEFA浓度外，还要降低肝中NEFA转化为TG的比例。尽管反刍动物肝通过线粒体或过氧化物酶的β-氧化作用或是以VLDL的方式输出TG等方式处置NEFA的能力有限，但可通过为围产期奶牛提供特殊的营养提高肝对NEFA的处理能力，进而提高生产性能。围产期奶牛应用胆碱是因为其具有调解脂肪代谢的作用，而且作为细胞膜中磷脂（磷酸卵磷脂）的组分，是肝合成和释放VLDL所必需的物质。给围产期奶牛饲喂过瘤胃胆碱可减少肝细胞脂类物质的蓄积，也能提高产奶量，这表明奶牛肝中脂肪酸代谢朝着有利于提高生产性能的方向转变。

六、妊娠后期限制饲喂

尽管目前普遍认为提高奶牛临产期干物质采食量是提高产后干物质采食量的前提，但一些研究者已经探讨了产前限制饲喂以使奶牛适应能量负平衡代谢的可能性。限制饲喂使能量供给低于计算值(通常为计算值的80%左右)，比不限制饲喂的奶牛能更快地提高产后的干物质采食量和奶产量。自由采食的奶牛（满足160%能量需求）产后血液NEFA和BHBA浓度显著提高，肉碱棕榈酰转移酶在产后第1天的活性显著降低，并随之降低得更快。产前的干物质采食量变化与产后血液NEFA浓度和肝TG积累等代谢指数又有极大关系。此外，限制饲喂的奶牛的围产期NEFA曲线比自由采食的奶牛的围产期NEFA曲线平坦，限制饲喂的奶牛对胰岛素的敏感性比自由采食的奶牛对胰岛素的敏感性高。临产期限制饲喂可避免产犊前干物质采食量降低，这对奶牛健康和生产性能的促进作用使人们对临产期干物质采食量曲线产生了密切关注，但这些内在代谢机制的联系尚不清楚。

七、日粮蛋白质水平

关于经产奶牛围产期日粮粗蛋白质水平，NRC（1989）的推荐量是12%，NRC（2001）仍沿用此标准。但提高围产期奶牛的粗蛋白质水平，可以降低奶牛胎衣不下和酮病的发生率。给奶牛饲喂粗蛋白质水平为9.7%、11.7%、13.7%、14.7%和16.2%的日粮时，粗蛋白质水平为13.7%时效果最好。但围产期奶牛采食高蛋白水平的日粮时，干物质采食量和产奶量减少。围产前期蛋白质水平的高低，对产后的产奶量没有影响。在围产前期，饲喂10.6%、12.7%和14.5%水平的粗蛋白质时奶牛均处于正氮平衡状态。这些结果不一致的主要原因，可能是饲料蛋白质中瘤胃非降解蛋白和瘤胃降解蛋白的含量不同导致的。

八、饲料添加剂

1. 过瘤胃胆碱

奶牛蛋氨酸的缺乏会导致胆碱不足。奶牛肝脂肪主要以VLDL

的形式转运出肝，而胆碱可促进 VLDL 的合成，因此可减少肝脂肪沉积，减少能量代谢性疾病的发生。胆碱参与构成 VLDL 中的一种主要磷脂——卵磷脂。当卵磷脂不足时，添加胆碱能增加 VLDL 的合成量，从而防止过量甘油三酯在肝中积累形成脂肪肝。在饲粮中添加过瘤胃胆碱能够缓解围产期奶牛的能量负平衡状态，调节奶牛体内的脂肪代谢，提高生产性能。围产期奶牛饲粮中过瘤胃胆碱适宜添加量为 30g/d。

2. 亚麻籽

围产期每天补饲 1.0kg 的亚麻籽可增加产奶量、乳糖产量和降低乳脂率，但并不改变干物质采食量。由于补充亚麻籽，使 $C_{16:0}$ 的比例减少，而 ω-3 脂肪酸和共轭亚油酸浓度增加。亚麻籽增加葡萄糖转运蛋白 2（glucose transporter 2，GLUT2）在肝中的表达，表明更多的葡萄糖是用于合成乳糖的。亚麻籽不仅减少乳腺脂类和糖类通路的表达与代谢，而且还可增加代谢通路参与细胞增殖和免疫应答。

3. 钙制剂

在哺乳初期以稻草为唯一的粗饲料来源的情况下，奶牛日粮添加 1% 的钙，同时注意补充镁，可以有效避免钙离子负平衡的出现。

九、奶牛围产期营养平衡的评估体系

奶牛围产期营养平衡的精准评估是制订营养和管理策略的基础，目前比较成熟的体系有：①NRC（2001）和 CNCPS 体系；②MG体系，尚未应用于奶牛围产期营养评估；③生物标志物体系，采用血液和尿液中一些特殊代谢产物的含量反映奶牛机体代谢和健康状况，如血浆或血清非酯化脂肪酸（NEFA）、β-羟丁酸（BHBA）和 3-甲基组氨酸含量；④综合指数体系，整合多个生物标志物，构建综合指数，提高敏感性和可靠性。

NRC（2001）系统论述了奶牛营养代谢的基本原理，制定了不同品种、生理阶段和体况的奶牛的主要营养参数的需要量和饲养管理规程，还给出了很多经典模型，如营养平衡的计算体系、采食量和生产性能预测等。CNCPS体系对奶牛日粮糖类和蛋白质进行了精细剖分，充分考虑不同类型和来源的糖类及蛋白质的利用率，更加精确。CPM-Dairy软件具有评估、预测和优化功能，主要包括评估日粮营养平衡状况，预测奶牛营养需要、健康和生产性能以及某些物质的产量（如MCP），优化饲料配方。结合反刍动物的代谢特点及规律，为整体评估瘤胃和小肠能量的供需状况，卢德勋研究员将系统理念运用于动物营养，构建反刍动物葡萄糖营养调控理论体系，率先提出了MG的概念，MG为评估奶牛机体葡萄糖的需要量提供了更加准确的指标、理念和模型。目前，尚未见MG体系用于奶牛围产期的相关报道。评估奶牛围产期营养平衡应采用最先进的营养指标，主要包括NE_l、MG、MP和可吸收钙磷等。其中，钙磷评估模型参见NRC（2001），以下仅简述泌乳净能、代谢葡萄糖、代谢蛋白质、生物标志物体系。

1. 泌乳净能

基于围产期奶牛的生理特点，产前和产后能量需要的组成不同，其能量平衡（Energy balance，EB）的评估应分开考虑。

产前能量平衡：$EBpre=NE_l-(NE_m+NE_p)$

式中，NE_l表示泌乳净能的摄入量，NE_l（Mcal/d）$=DMI$（kg/d）×日粮能量密度（Mcal/kg，以NE_l计）；NE_m表示维持净能，NE_m（Mcal/d）=代谢体重（$BW^{0.75}$）×0.080；NE_p表示妊娠的净能需要，NE_p（Mcal/d）＝（0.003 18×妊娠天数－0.035 2）×（犊牛初生重/0.45）/0.218。

产后能量平衡：$EBpost=NE_l-(NE_m+NE_l)$

式中，NE_l（Mcal/d）＝（0.092 9×乳脂率＋0.054 7×乳蛋

白率+0.039 5×乳糖率）×泌乳量（kg/d），乳脂率、乳蛋白率和乳糖率均以百分比表示。

2. 代谢葡萄糖（MG）

是指日粮营养物质经过反刍动物消化、吸收和转化后，可供机体利用的葡萄糖总量。其计算公式为：

$$MG\ (g/d) = POEG + BSEG = 0.09 \times K_1 \times P_r + 0.9 \times K_2 \times BS$$

式中，$POEG$ 表示瘤胃丙酸经肝糖异生产生的葡萄糖；$BSEG$ 表示过瘤胃淀粉在小肠降解为葡萄糖，在葡萄糖转运载体协助下吸收的葡萄糖；K_1 表示瘤胃壁对丙酸的吸收率；P_r 表示日粮经瘤胃发酵后的丙酸生成量（mmol/d）；K_2 表示过瘤胃淀粉的小肠消化率；BS 表示日粮过瘤胃淀粉的含量（g/d）。

此外，卢德勋研究员及其团队围绕 MG 开展系列研究，建立了瘤胃丙酸吸收率的测定方法，并评定了奶牛常用饲料原料的 MG 值，为 MG 体系的发展和应用提供了方法学依据和基础资料。

3. 代谢蛋白质

与 NE_l 类似，奶牛围产期蛋白质平衡（protein balance，PB）的评估也分为产前和产后，但估测公式更为复杂，因为小肠蛋白质的来源有 3 种，即 MCP、RUP 和内源蛋白质（endogenous crude protein，ECP），每一种来源途径均有相应预测公式。

产前 MP 平衡：$PBpre = (MP_{feed} + MP_{MCP} + MP_{ECP}) - (MP_M + MPP + MP_{growth})$

产后 MP 平衡：$PBpost = (MP_{feed} + MP_{MCP} + MP_{ECP}) - (MP_M + MP_L + MP_{growth})$

式中，MP_{feed} 指饲粮可提供的 MP，MP_{feed} (g/d) $= DMI$ (kg/d) $\times MP$ (g/kg DMI)；MP_{MCP} 是指 MCP 提供的 MP（g/d），由 CPM-Dairy 软件计算而得；MP_{ECP} 指 ECP 提供的 MP，MP_{ECP} (g/d) $= 0.4 \times 11.8 g/kg \times DMI$ (kg/d)；MP_M 指维持的 MP 需要，MP_M (g/d) $= 4.1 \times BW^{0.5}$ (kg) $+ 0.3 \times BW^{0.6}$ (kg) $+$

[*DMI*（kg/d）×30－0.5×[（*MCP*/0.80）－*MCP*]＋MP_{ECP}/0.67；MP_{p}指妊娠的MP需要，MP_{p}（g/d）＝[（0.69×妊娠天数）－69.2]×（*CBW*/45）/0.33，CBW即犊牛初生重（calf birth weight；单位kg）；MP_{L}指泌乳的MP需要，MP_{L}（g/d）＝产奶量（kg/d）×乳蛋白率（%）/0.67×1 000g/kg；MP_{growth}指生长的MP需要，由CPM-Dairy软件计算而得，NRC（2001）也有相应计算公式。

4. 生物标志物体系

（1）能量代谢。奶牛围产期NEB导致脂肪组织脂解作用加强，大量NEFA释放入血，一部分NEFA进入乳腺合成乳脂，另一部分随血液循环进入肝代谢供能。当NEFA完全氧化为CO_2和H_2O时，供能效率高且无害；当NEFA发生不完全氧化时，供能效率低且生成大量酮体，主要是BHBA，易诱发奶牛酮病的发生。同时，高浓度NEFA和BHBA可损伤肝细胞，降低肝糖异生能力。因此，血液NEFA、BHBA和葡萄糖浓度常作为奶牛围产期能量代谢的标志物，机体糖类和脂质代谢相关激素（胰岛素、胰高血糖素、肾上腺素等）也常被纳入分析。

（2）蛋白质代谢。机体蛋白质动员是奶牛围产期乳蛋白合成和肝糖异生的重要底物来源，是奶牛对NEB和NPB的自我生理调控。3-MH是一种存在于肌动蛋白和肌球蛋白中的甲基化的氨基酸，当奶牛肌肉蛋白质被动员分解时，会伴随3-MH的释放，因此3-MH常被认为是奶牛围产期蛋白质动员的血液标志物，并已在多项研究中得到公认和应用。

（3）肝功能。奶牛围产期肝功能检测的指标选择基于两个方面：一是人类医学中的肝功检测指标；二是奶牛围产期特殊生理代谢及其产物。常用的奶牛肝功能指标有白蛋白（albumin，ALB）、谷丙转氨酶（glutamic pyruvic transaminase，GPT）、谷草转氨酶（glutamic oxalacetictransaminase，GOT）、碱性磷酸酶（alkaline phosphatase，ALP 或 AKP）、总胆红素（total bilirubin，TBIL）、乳酸脱氢酶（lactic dehydrogenase，LDH）、总胆固醇（total cholesterol，TC）及其组分、VLDL 等，检测样品均为血浆或血清。明确每个指标的生物学意义是肝功检测的前提，如 GOT 属于胞内酶，位于肝细胞内部，当肝细胞损伤或破裂时，该酶才会被释放出来，导致血液 GOT 活性升高，因而血浆 GOT 活性常用来反映肝健康状况。

（4）抗氧化能力。血浆总抗氧化能力（total antioxidant capacity，T-AOC）、硫代巴比妥酸反应物（thiobarbituric acid reactive substances，TBARS）和丙二醛（malondialdehyde，MDA）含量可用于反映机体抗氧化状态。同时，GSH-Px、SOD、CAT 和对氧磷酶 1（paraoxonase 1，PON1）等的活性也常作为机体抗氧化能力的重要指标，但仅通过抗氧化酶系的活性能否真正反映动物抗氧化能力仍有疑问。随着分娩的临近和发生，奶牛体脂动员增加、脂质代谢增强、自由基积累增加、机体抗氧化能力下降、易发生氧化应激。奶牛分娩当天血浆 GSH-Px 活性最高，这可能是机体为清除自由基而发挥自我调控功能，促进相关抗氧化酶的合成而导致的。因此，一些非酶抗氧化剂，如维生素 A、维生素 E 等，也应引起足够重视，并纳入抗氧化评价体系。

（5）免疫功能。受营养素负平衡、氧化应激、内分泌变化和其他应激影响，围产期奶牛处于不同程度的免疫抑制状态，易遭受外源有害微生物的侵袭，导致各类疾病的发生。血浆（清）前炎性细胞因子（IL-1β、IL-2、IL4、IL6 和 TNF-α 等）的含量、血液中性粒细胞的吞噬能力和氧爆作用，以及外周血 T 淋巴细胞亚型（$CD4^{+}/CD8^{+}$）等指标常用来反映奶牛围产期机体免疫功能。

5. 综合指数评价体系

（1）修正的定量胰岛素敏感检测指数。由于特殊的生理代谢特征，围产期奶牛容易发生胰岛素抵抗，对胰岛素敏感性下降，导致胰岛素调控血糖、脂解作用等的能力有所降低。修正的定量胰岛素敏感检测指数（revised quantitative insulin sensitivity check index，RQUICKI）可用于评定动物和人类胰岛素敏感性，RQUICKI 的值越高，胰岛素敏感性越强，也就越不容易发生胰岛素抵抗，计算公式为：

$$RQUICKI=1/\left[\log_{10}^{(NEFA)}+\log_{10}^{(葡萄糖)}+\log_{10}^{(胰岛素)}\right]$$

式中，血浆（清）NEFA、葡萄糖和胰岛素的浓度单位分别为 mmol/L、mmol/L 和 pmol/L。

（2）肝活性指数。为系统评价奶牛围产期肝功能和机体健康，建立了肝活性指数（liver activity index，LAI）这一指标。该指数由血浆（清）白蛋白（ALB，g/L）、总胆固醇（TC，mmol/L）和维生素 A（μg/100mL）计算而来。

首先，计算这 3 个指标在产后第 7 天、第 14 天、第 28 天的分指数（partial index，PI）：

PI（ALB，第 7 天）＝（第 7 天血浆 ALB 浓度－牛群血浆 ALB 含量的平均值）/（牛群血浆 ALB 含量的标准差 SD）

PI（ALB，第 14 天）＝（第 14 天血浆 ALB 浓度－牛群血浆 ALB 含量的平均值）/（牛群血浆 ALB 含量的标准差 SD）

PI（ALB，第 28 天）＝（第 28 天血浆 ALB 浓度－牛群血浆 ALB 含量的平均值）/（牛群血浆 ALB 含量的标准差 SD）

PI（ALB）＝［PI（ALB，第 7 天）＋PI（ALB，第 14 天）＋PI（ALB，第 28 天）］/3PI（TC）

其次，LAI＝［PI（ALB）＋PI（TC）＋PI（维生素 A）］/3

低 LAI 奶牛血液 NEFA、BHBA 和触珠蛋白含量显著高于高 LAI 奶牛，体脂动员和体况损失更严重，更易发生炎症反应，泌乳和繁殖性能也显著降低。低 LAI 奶牛的 DMI 和能量利用效率更低，这表明 LAI 可以作为评价奶牛围产期能量代谢和健康的敏感指标，其一般范围为$-1.5<LAI<1.5$。

（3）肝功能指数。测定奶牛 LAI 所需样品量大，且分析成本高，往往会限制其大规模应用。因此，提出了肝功能指数（liver functionality index，LFI）的概念，其采样量更少，测试成本更低，包括 3 个指标，即 ALB、TC 和 TBIL。LFI 的实用性更强，不仅可以比较牛群内部的差异，而且还可用来比较不同牧场间奶牛围产期饲养管理的差异，其计算公式为：

白蛋白亚指数（subindex of albumin，SI-ALB）＝

$$50\% \times C3 + 50\% \times (C28 - C3)$$

总胆固醇亚指数（subindex of TC，SI-TC）＝

$$50\% \times C3 + 50\% \times (C28 - C3)$$

总胆红素亚指数（subindex of TBIL，SI-TBIL）＝

$$67\% \times C3 + 33\% \times (C3 - C28)$$

$$LFI = (SI\text{-}ALB - 17.71)/1.08 + (SI\text{-}TC - 2.57)/0.43 - (SI\text{-}TBIL - 6.08)/2.17$$

式中，C3 和 C28 分别表示奶牛产后第 3 天和第 28 天该物质在血浆中的浓度，ALB、TC 和 TBIL 的浓度单位分别为 g/L、mmol/L 和 μmol/L。

LFI 的取值范围为$-12<LFI<5$，当$LFI>0$时，表明奶牛围产期营养和其他方面的管理比较适当，奶牛较为健康。与 LAI 类似，LFI 的敏感性也较好。低 LFI 奶牛具有以下特征：①DMI 和产奶量低，体况损失更严重；②血清触珠蛋白和铜蓝蛋白高，这提示肝功能有所降低；③血清 NEFA 和 BHBA 升高，脂解作用增强，加重肝负担，增加脂肪肝和酮病的患病风险。由此可见，LFI 可较好地反映奶牛围产期的典型生理特征、体况和产后泌乳性能。

（4）氧化应激指数。衡量奶牛机体氧化还原状态的指标较多，如血液 T-AOC、MDA 含量、活性氧（reactive oxygen species，ROS）积累量、抗氧化酶活性和非酶抗氧化剂含量等，但单一指标的代表性一直存在争议，目前尚缺乏评价动物抗氧化状态的统一模型和方法，这使得个体间和群体间比较的可信度存在疑问。氧化应激的本质是氧化剂和抗氧化剂间的比例失衡，二者综合考虑才能真实反映动物的氧化还原状态。机体促氧化剂（pro-oxidants）和抗氧化剂（anti-oxidants）之间的比值可用于表征奶牛氧化应激程度和患病风险。该比值越大，表明 ROS 等自由基积累增加或（和）抗氧化剂不足，奶牛更容易发生氧化应激。在此基础上，提出了氧化应激指数（oxidative stress index，OSi）的概念，计算公式为：

$$OSi = ROS/SAC$$

式中，SAC 指血清抗氧化能力（serum antioxidant capacity），度量单位为 μmol HCl O/mL；ROS 度量单位为 Carr U；因而 OSi 的单位为 Carr U/（μmol HCl O/mL）。

与单一指标相比，OSi 可更真实和精确地反映奶牛围产期抗氧化状态，奶牛分娩后的氧化应激最为严重，抗氧化剂的补充应从产前 30d 开始。

（5）奶牛围产期指数。奶牛围产期指数（transition cow index，TCI）以奶牛群体改良（dairy herd improvement，DHI，也称奶牛生产性能测定）为基础，为综合评定奶牛围产期管理水平提供了科学依据和指标参考，其计算公式如下：

TCI＝本泌乳周期 305d 可能实现的产奶量－
本泌乳周期 305d 应该实现的产奶量

若 TCI>0 或 TCI＝0，说明奶牛围产期管理合理，奶牛健康状况良好，并可超额（或刚好）完成本泌乳周期的泌乳任务；若 TCI<0，说明奶牛围产期管理不合理，亟须改进，奶牛存在健康或代谢问题，可能无法完成既定泌乳任务。关于 TCI 在我国的应用，有以下几点需要注意：①TCI 已获得美国专利授权，本着尊重

知识产权和遵守法律的原则，应通过正规渠道获得授权后使用；②TCI公式中所涉及的系数、常数均基于北美牧场的大数据得出，我国尚缺乏基础数据，强行套用易产生误差，不能真实地反映牧场围产期奶牛的管理状况；③牧场应详细记录营养、繁殖和泌乳等每个环节的相关信息，并加强牧场间的数据共享。

（6）综合气候指数。围产期奶牛对环境参数的改变更加敏感，更易发生热应激。热应激常用评价指标为温湿度指数（temperature-humidity index，THI），由环境温度（ambient temperature，T_a）和湿度（relative humidity，RH）2个因素决定，计算公式为：

$$THI = (0.8 \times T_a) + [(RH/100) \times (T_a - 14.3)] + 46.4$$

THI已被广泛应用于奶牛热应激管理，但THI并未将风速（wind speed，WS）和太阳辐射（solar radiation，RAD）考虑在内，其精确性略显不足。Mader等（2010）基于10余年的延续性研究提出了一个全新的热应激评价指标——综合气候指数（comprehensive climate index，CCI），CCI综合考虑Ta、RH、WS和RAD对奶牛热应激的贡献，其计算公式由RH、WS和RAD的3个校正因子以及Ta构成。

相对湿度校正因子（RH_{CF}）：

$$RH_{CF} = e^{(0.00182 \times RH + 1.8 \times 10^{-5} \times T_a \times RH)} \times (0.000054 \times T_a^2 + 0.00192 \times T_a - 0.0246) \times (RH - 30)$$

风速校正因子（WS_{CF}）：

$$WS_{CF} = \left[\frac{-6.56}{e^{\left\{ \frac{1}{(2.26 \times WS + 0.23)^{0.45 \times (2.9 + 1.14 \times 10^{-6} \times WS^{2.5} - \log_{0.3}(2.26 \times WS + 0.33)^{-2})}} \right\}}} \right] - 0.00566 \times WS^2 + 3.33$$

太阳辐射校正因子（RAD_{CF}）：

$$RAD_{CF} = 0.0076 \times RAD - 0.00002 \times RAD \times T_a + 0.00005 \times T_a^2 \times \sqrt{RAD} + 0.1 \times T_a - 2$$

CCI 最终计算公式为：

$$CCI = T_a + 1.8 \times RH_{CF} + 0.6 \times WS_{CF} + 5.5 \times RAD_{CF}$$

式中，T_a、WS_{CF} 和 RAD_{CF} 的度量单位分别为℃、m/s 和 W/m^2，RH_{CF} 以百分比表示。

CCI 可为牧场管理者提供更先进和更精确的热应激评价标准，为围产期奶牛及其他生理阶段热应激的精准管理提供科学基础。考虑到 CCI 计算较为烦琐，可考虑开发计算机软件，并整合温湿度仪、风速仪和太阳辐射测量仪，研发牧场热应激评估系统，同时监测 CCI 和 THI，实现全自动实时监测。

第三章
围产期奶牛能量负平衡

妊娠后期为了满足胎儿生长需要和自身营养需求，奶牛能量需求达到最大值。除了胎儿生长发育需要能量外，妊娠末期奶牛体内内分泌状态发生巨大变化，为分娩和泌乳做准备，合成大量葡萄糖。但是在这一时期由于胎儿生长迅速，机械性压缩瘤胃体积，使得采食量下降。此外，产后更换高精饲料日粮破坏瘤胃微生物发酵平衡，也会导致围产期奶牛干物质采食量急剧降低。在产前 3 周，奶牛采食量通常会减少 30％～35％，且在产犊前 1 周变化最为显著。分娩后，早期泌乳的增加使奶牛对能量需求进一步加剧，并且母牛产犊后 4～6 周出现泌乳高峰，而母牛分娩后 8～10 周食欲才恢复，在这一时期达到能量负平衡极值。所以在围产期，尤其是泌乳早期，由于奶牛干物质采食量下降、能量需求增加、母牛泌乳等生理需求而出现能量负平衡是其主要的代谢特点。为了支持泌乳和避免代谢功能障碍，围产期奶牛在葡萄糖、脂肪酸和矿物质代谢方面经历了大量的代谢调整。

第一节　能量负平衡的形成原因及诱发因素

围产期是高产奶牛能量负平衡的高发阶段，因能量负平衡导致奶牛过量的脂肪动员，导致体内非酯化脂肪酸大量产生，引起奶牛酮病和脂肪肝等代谢性疾病。酮病等代谢性疾病具有群发特性，在产奶量下降的同时，增加了奶牛患其他疾病的风险，给我国奶牛养殖业造成巨大的经济损失。奶牛能量负平衡与体内脂质代谢密切相关，主要是机体内葡萄糖、矿物质与脂类之间的不平衡及不能满足奶牛的营养需要，导致乙酰辅酶 A 生成酮体，引发酮病。同时，因能量缺乏，奶牛处于低血糖状态，脂肪加速分解，导致血液中非酯化脂肪酸含量升高，非酯化脂肪酸一部分可进入乳腺合成乳脂，另一部分可进行 β-氧化供能以缓解能量负平衡。严重的能量负平衡会因不完全 β-氧化产生酮体引起酮病，或产生甘油三酯沉积于肝中，形成脂肪肝。在现代化追求高产的奶牛饲养趋势下，奶牛的酮病受产前饲养、产后护理、产后饲养条件等方面的综合影响。随着奶牛胎次及产奶量的增加，其能量负平衡将更为严重。与初产奶牛相比，经产奶牛无论是干奶期还是产后血清葡萄糖和胰岛素含量更低，血清 β-羟丁酸含量更高，当以血清 β-羟丁酸含量作为奶牛能量负平衡评估指标时，经产奶牛干奶期过度能量负平衡发病率为 17%，初产奶牛为 13%。经产奶牛也更容易产生能量负平衡类疾病。因此，对于经产奶牛，奶牛养殖场管理需要更重视酮病的预防和监控治疗，从而避免因代谢性疾病降低奶牛生产性能。

第二节　能量负平衡期间的能源物质代谢变化

糖、脂类和蛋白质为生物体内的三大能源物质，其中以糖为主要能源。在糖供应不足的情况下，动物机体会分解脂类和蛋白质来维持能量的供应，但是反刍动物能直接吸收利用的糖类较少，肝糖原储备不足，约 90%的葡萄糖由糖异生提供，反刍动物体内的葡萄糖主要来自肝糖异生。饲料中的糖类经瘤胃微生物发酵产生游离脂肪酸进入血液中，经糖异生作用生成内源性葡萄糖。从产前 9d 到产后 21d 葡萄糖输出量增加 2 倍多，而这些糖几乎全部来自肝糖异生。反刍动物肝糖异生主要底物来自瘤胃发酵的丙酸、三羧酸循环的乳酸、蛋白质分解代谢的氨基酸和脂肪组织分解所释放的甘油。丙酮酸和三羧酸循环的中间产物都能进入糖异生途径合成内源性葡萄糖。奶牛围产期有接近一半的葡萄糖由丙酸生成，约 1/4 的糖来自乳酸，少量的糖来自甘油。丙酸转化为琥珀酰辅酶 A 进入三羧酸循环，经苹果酸转出线粒体进入糖异生途径，而乳酸转变成丙酮酸进入糖异生途径，甘油则转变成 3-磷酸甘油醛进行糖异生。奶牛产犊后，尤其泌乳早期，奶牛体内葡萄糖供应不足，则会动员体脂和体蛋白维持能量平衡。

与丙酸等生糖先质不同，围产期奶牛至少有 20%～30%的葡萄糖来自氨基酸，这其中贡献最大者为丙氨酸，其生成的葡萄糖可从产前 9d 的 2.3%增加至产后 11d 的 5.5%。产后第 1 天肝将丙氨酸转变为葡萄糖的能力是产前 21d 时的 2 倍。由此可见，虽然氨基酸不是主要的乳糖生成前体物，但其在产后初期能在短时间内快速合成葡萄糖的特点，可为奶牛产后适应泌乳需要提供保障。虽然葡萄糖在代谢中具有核心作用，但由于在大多数围产期疾病过程中均存在不同程度的低血糖，而非某一疾病所特有，因此它很少被用作群体研究的特异性分析指标。

饥饿时，氨基酸是肝和肾糖异生的主要物质。除赖氨酸和亮氨酸以外的大多数氨基酸都能转化成丙酮酸或者草酰乙酸等三羧酸循环的中间产物，其中生糖能力最强的是丙氨酸和谷氨酰胺，其生糖量占氨基酸生糖的 50%。除了生糖氨基酸，还有一部分氨基酸经由丙酮酸氧化脱羧，最终转化为酮体。

反刍动物能利用吸收的低级脂肪酸满足能量需求，血糖浓度降低时，脂肪组织中以甘油三酯的形式提供能量物质的分解作用就会加强。在应激、饥饿或者长时间运动等机体能量消耗加强或者糖摄入不足的情况下，机体脂肪动员加强，此时血浆中 NEFA 的浓度升高约为原来的 5 倍，各组织（首先是肌肉）对其利用加快，减少葡萄糖的消耗，使血糖浓度不至于过低，确保组织维持正常生理功能。所以在围产期，脂代谢的自体适应主要是通过动员储备的体脂，以弥补泌乳早期能量负平衡造成的亏欠，满足整体能量需求。动员的体脂以 NEFA 的形式进入血液循环，使血液和尿液中 NEFA 的浓度升高。产犊前 10d 血浆中 NEFA 的浓度升高，并且可能先于采食量的减少。产犊时血浆中 NEFA 的浓度最高，产犊后迅速下降。NEFA 一部分用于乳脂合成，多余的 NEFA 在肝中经不完全氧化生成酮体，释放到血液中，引发脂肪肝和酮病。

第三节　能量负平衡对奶牛的影响

一、导致代谢系统疾病

围产期奶牛严重的能量负平衡可使奶牛产生多种疾病，包括代谢、免疫、繁殖、乳房等方面的疾病，如果不加以控制，可能使得奶牛丧失生产性能，甚至淘汰。奶牛产后 1 周血清 β-羟丁酸高于 1.2mmol/L 时，皱胃变位（2.55 倍）和子宫内膜炎（3.35 倍）的发病率显著升高；奶牛产后第 2 周血清 β-羟丁酸浓度高于 1.8mmol/L 时，有显著增加皱胃变位（6.22 倍）的风险；奶牛产后第 1 周和第 2 周血清 β-羟丁酸浓度高于 1.4mmol/L 时，后期酮病的发病率分别可增加 4.25 倍和 5.98 倍。能量负平衡奶牛为弥补奶牛正常需要的能量，体内的非酯化脂肪酸含量通过体脂动员大大增加，产前 7～10d 时血清非酯化脂肪酸浓度＞0.4mmol/L 时，可大大增加奶牛产后患皱胃变位、胎衣不下的风险。脂肪的动员导致非酯化脂肪酸涌入血液，并在肝中蓄积，而利用能力有限，非酯化脂肪酸含量过高会酯化生成甘油三酯，甘油三酯可与载脂蛋白结合，形成极低密度脂蛋白后进入血液，当甘油三酯含量超出肝承载力以极低密度脂蛋白输出时，则沉积在肝。大量脂肪沉积于肝会降低其代谢功能，形成脂肪肝病变，并出现乏情、产奶量降低的并发症。通过临床剖检可见肝病变奶牛的肝颜色暗黄，肝的实质肿大变脆，肝细胞有大量游离脂肪滴，出现脂肪样囊肿，细胞破裂坏死。

二、降低生产性能

当围产期奶牛受酮病影响时，其采食量会降低，采食时间缩短，并降低产奶量。众所周知，随着奶牛泌乳胎次的增加，奶牛泌乳量本应该增加，但大多数 3 胎次以上的奶牛产奶量低于 2 胎次奶牛。经诊断，3 胎次及以上的奶牛有 72%被诊断为均曾患过亚临床酮病，能量负平衡是影响奶牛产奶量和缩短其利用年限的重要原因。奶牛产后 1 周血清 β-羟丁酸浓度高于 1.8mmol/L 时，其 305d 产奶量损失达到 333.7kg。经产奶牛产后的血清非酯化脂肪酸浓度高于 0.57mmol/L 时，会导致肝功能受损，305d 产奶量可损失 600kg。牛奶脂蛋比与奶牛能量负平衡相关，也是奶牛亚临床酮病的标志物。随着能量负平衡奶牛脂肪的分解，血清非酯化脂肪酸浓度升高，用于乳脂合成，提高乳脂含量，但能量负平衡也可导致蛋白质的动员供能，而降低乳蛋白含量，提高牛奶脂蛋比。当牛奶脂蛋比大于 1.3 或 1.5 时则标志着奶牛严重的能量负平衡，当牛奶脂蛋比大于 2.0 时标志着奶牛可能患有临床型酮病、子宫内膜炎、皱胃左侧移位等疾病。尽管能量负平衡可少量增加乳脂含量，但奶牛乳蛋白含量降低会引起乳品质的下降。能量负平衡引起奶牛酮病，不仅降低奶牛产后及整个泌乳期的泌乳量，还降低奶牛的利用年限。随着奶牛胎次增加，其患酮病风险不断增加，奶牛不能发挥随着胎次的增加而产奶量增加的潜力，导致被动淘汰，利用年限下降，影响牧场经济效益。

三、降低繁殖性能

围产期奶牛处于能量负平衡状态，为满足能量需求，会产生大量活性氧和脂质过氧化物，超过体内氧化体系的清除能力，造成氧化应激。泌乳早期奶牛能量负平衡会导致奶牛雌激素和孕酮含量下降、卵泡发育受阻，从而导致奶牛出现卵巢静止，影响奶牛发情，带来严重的经济损失。产后奶牛卵巢静止的主要原因是泌乳早期的能量负平衡。奶牛繁殖力降低是奶牛淘汰的重要原因，而产后奶牛乏情是其重要原因。产后长期能量负平衡导致奶牛产生酮病，患有酮病的奶牛的临床型子宫内膜炎和卵巢囊肿发病率显著增加，产后子宫恢复能力和受孕能力显著降低。产后能量负平衡奶牛的第 1 次发情时间延迟，孕酮分泌量降低，影响奶牛的繁殖性能。严重的能量负平衡奶牛与中度能量负平衡奶牛相比，卵巢黄体开始活动的时间由（25±2）d 延迟到（37±5）d，发情周期由（23±2）d 增加到（39±5）d，说明能量负平衡不利于产后奶牛的繁殖。能量负平衡会延迟奶牛的体况恢复周期，延迟产后首次发情日期，还可能导致卵巢静止，产生乏情，也可能影响奶牛受胎率，增加胎间距，降低奶牛生产效益。

四、导致体况及免疫力下降

围产期奶牛能量负平衡导致奶牛免疫功能显著下降，对病原刺激不能做出适应性应答，出现免疫抑制和免疫功能障碍，对于妊娠末期和泌乳初期奶牛，突出表现是因免疫障碍导致奶牛乳腺炎、子宫内膜炎等疾病的发病率和严重程度显著提高。钙、镁可促进原始淋巴细胞的功能，增强体内抗体的形成和吞噬作用，激活体内淋巴液中的免疫细胞，改善吞噬能力，促进血液中免疫球蛋白的合成，增强免疫力，可抑制有害细菌的繁殖。能量负平衡奶牛的血钙、血镁含量低于健康奶牛，降低奶牛免疫功能。能量负平衡奶牛血液中的促炎细胞因子白细胞介素-1（interleukin-1，IL-1）、白细胞介素-6（interleukin-6，IL-6）、淋巴因子白细胞介素-2（interleukin-2，IL-2）、炎性因子C反应蛋白（c-reactive protein，CRP）、肿瘤坏死因子-α（tumor necrosis factor-α，TNF-α）含量显著高于健康奶牛，说明能量负平衡奶牛的炎性因子通路被激活，出现免疫抑制，炎症反应影响奶牛健康。奶牛产后子宫受到微生物浸染，形成子宫内膜炎，能量负平衡可能通过改变奶牛子宫免疫反应而延长子宫恢复周期，对子宫的免疫形成不良影响，并降低繁殖力。产后2周的高β-羟丁酸可加重乳腺炎的严重程度和延长其持续时间。随着奶牛免疫功能的降低，产后奶牛的乳腺炎、子宫内膜炎发病率显著增加，显著影响奶牛健康和生产性能。

五、导致奶牛氧化应激

自由基是动物生物氧化过程中大量产生的活性物质。正常情况下，自由基在机体中处于产生和清除的动态平衡过程中。当动物自由基产生量超出有效清除能力时，具有强氧化性的自由基会损害机体组织和细胞。围产期奶牛的能量需求急剧增加，但干物质摄入量较少，激活奶牛体内脂肪的分解代谢途径，细胞的活性氧代谢产物大量增加，奶牛难以通过自身的抗氧化机制进行清除，进而导致奶牛产生氧化应激。能量负平衡奶牛体内产生较多的NEFA和BHBA，降低抗氧化酶的活性，降低自由基清除能力，发生一系列氧化反应，破坏体内的抗氧化系统，降低血清中谷胱甘肽过氧化酶、过氧化氢酶活性、维生素E和硒含量。亚临床型酮病奶牛产后10d和20d血清中超氧化物歧化酶、谷胱甘肽过氧化酶活性及总抗氧化能力显著低于健康奶牛，而血清中活性氧、丙二醛、过氧化氢含量显著高于健康奶牛。严重的氧化应激会诱导细胞凋亡和组织损伤，影响产后奶牛健康和体况恢复。

第四节 能量负平衡的监控措施和营养调控措施

一、能量负平衡的监控措施

能量负平衡时奶牛为应对能量不足，利用脂肪分解产生非酯化脂肪酸，严重的能量负平衡会产生 β-羟丁酸及其他酮体，导致奶牛发生酮病。因此，常通过测定血清中 β-羟丁酸的含量来判断奶牛酮病，常用的还有测定血清 NEFA、葡萄糖、胰岛素、胰岛素样生长因子-1 浓度等。因能量负平衡会引起奶牛生理、代谢、泌乳等发生变化，因此多项指标的测定可用于奶牛能量负平衡的检测，以监控奶牛酮病。目前，血清中 BHBA 浓度≥1.2mmol/L 常被作为亚临床型酮病的判定指标，当血清中 BHBA 浓度≥3.0mmol/L 则被认为临床型酮病。通过采用中红外线测定牛乳成分，发现判定奶牛亚临床型酮病分界点为产后第 1 周和第 2 周牛乳中 NEFA 浓度分别为 0.66mmol/L 和 0.63mmol/L 时，但第 3 周和第 5 周时分别下降到 0.45mmol/L 和 0.47mmol/L；牛乳中 β-羟丁酸浓度的分界点介于 0.11～0.17mmol/L。血清中 Apelin-36 浓度与血清中能量负平衡相关的生化物质显著相关，测定血清中 Apelin-36 浓度可能成为产后奶牛能量负平衡的检测方法。采用统计分析方法，产后奶牛的产奶量、乳脂率、乳蛋白比例、乳糖产量可反映奶牛的代谢状态，但其重要程度受产后泌乳周数影响。奶牛产后产奶量和脂蛋比可准确预测其能量状态，当增加其体重和体况变化指标时其精确性增加，而乳脂率具有更高的准确度。产前奶牛血清监控对产后奶牛能量负平衡的防控也具有重要作用。奶牛产前 14d 和 7d 血清中

BHBA 和 NEFA 浓度可作为酮病的预警指标，其中产前 7d 血清中 BHBA 浓度最佳分界值为>0.34mmol/L，其敏感度为 76.5%；血清中 NEFA 浓度最佳分界值为>0.32mmol/L，其敏感度为 94.1%。能量负平衡可引起奶牛多项生理生化、生产性能、行为活动等的改变，因此除采用传统生化指标监控酮病外，还可通过牧场智能设备获得奶牛泌乳量、乳成分、活动、采食、反刍、体重、体况等数据，并根据相关数据模型自动查找出严重能量负平衡的奶牛，对降低牧场工作量、提高工作效率有重要应用价值。

二、能量负平衡的营养调控措施

奶牛能量负平衡的原因是奶牛能量摄入量远低于维持和泌乳能量需要量，在保障奶牛生产性能的条件下，为改善奶牛的能量负平衡状态，可通过提高奶牛采食量和其他途径促进能量摄入量。而简单地提高饲料能量水平，容易导致奶牛的亚急性瘤胃酸中毒，最后可能加剧奶牛能量负平衡状态。因此，改善奶牛能量负平衡状态需要从多方面做起。

1. 产前奶牛体况控制

围产期对奶牛进行体况评分（body condition scoring，BCS）对奶牛群的能量负平衡风险管理具有重要作用。围产前期奶牛脂肪的大量蓄积会使奶牛产后产生胰岛素抵抗。肥胖奶牛胰岛素抵抗程度的增加导致脂肪组织大量分解，进而增加相关代谢性疾病的风险。干奶期奶牛体况过肥（BCS≥3.5）或采食量过多，产后奶牛采食量降低会导致严重能量负平衡和酮病。产后奶牛 BCS≥4 时亚临床型酮病（血清中 BHBA≥1.0mmol/L）发病率为 33.2%，显著高于 2<BCS<4（发病率 22.8%）和 BCS≤2（发病率 18.1%）的奶牛。干奶期奶牛 BCS≥4 时，分娩后酮病发病率是低 BCS 奶牛的 1.6 倍。奶牛生产中，应该更加关注泌乳后期及干奶期奶牛的

BCS。BCS是奶牛生产中不可缺少的实用工具。BCS可通过触摸及目测的人工测量法及最新研究的折叠量角仪的方法进行评定，但存在稳定性及准确性差的问题，超声波成像技术、机器视觉技术与图片处理技术，是一种更客观、更省时、更经济的方法。虽然产前通过控制奶牛采食量或限制饲养可避免奶牛过肥，但在当前大群、散养的自由采食条件下，因奶牛采食能力不同，限制饲养可能导致奶牛体况差异过大，因此通过调整饲料营养水平使得产前BCS达到3.0～3.5，避免产后因过肥引起采食量下降及奶牛过瘦影响产前胚胎发育和产后奶牛泌乳。饲养上可通过饲喂麦秸、羊草等低能饲粮限制干奶期奶牛能量摄入，提高产后奶牛干物质采食量，减少产后体重损失。

2. 围产前期营养调控

围产前期伴随着乳腺恢复和初乳合成对营养需要的增加，胎儿和胎盘的营养需要也达到最高，奶牛对能量和蛋白质等营养物质需要迅速增加。围产前期随着胎儿的不断增大及激素作用，奶牛的采食量受限，其妊娠最后3周干物质采食量比干奶初期下降10%～30%。通过产前营养调控以增加奶牛产后的干物质采食量是缓解能量负平衡的重要措施。围产前期经产奶牛13.07%粗蛋白质水平与12.12%、14.02%粗蛋白质水平相比，显著提高产后干物质采食量、血清葡萄糖含量，显著降低血清甘油三酯、胰岛素含量。在围产前期奶牛饲粮中添加过瘤胃脂肪，对泌乳前期干物质采食量无显著影响，但显著增加产后12周干物质采食量和产奶量。产前低能饲粮（90% NRC、80% NRC）提高产前血浆NEFA含量和产后的干物质采食量、产奶量、血清葡萄糖含量，降低产后BCS和体重的变化量，也降低了产后血清NEFA和BHBA含量，但80% NRC组的产前血清尿素氮含量较高，能量较为缺乏。脂肪是重要的能量物质，但脂肪的过量添加可影响瘤胃中微生物的消化功能，因此可通过采取添加过瘤胃脂肪的措施在日粮中添加脂肪。在奶牛产前3周饲粮中添加3%的脂肪酸钙可以显著增加奶牛初乳中免疫球蛋白G（IgG）的含量，提高产后奶牛的产奶量。产后干物质采食量、血清葡萄糖含量、产奶量的提高及血浆中NEFA、BHBA浓度的降低，有利于缓解奶牛能量负平衡，对降低营养代谢病发病率有重要意义。

3. 产后饲料营养

奶牛围产期的能量负平衡的原因主要是能量摄入不能满足机体需要，因此缓解奶牛能量负平衡的措施是在保障奶牛瘤胃健康的情况下，提高奶牛干物质和其他生糖物质的摄入量。围产阶段的成功过渡，通过饲料营养的调控，提高奶牛代谢、减少炎症、减少疾病的发生将有利于整个泌乳期生产性能的提高。

（1）过瘤胃葡萄糖。饲粮中的非纤维碳水化合物（non-fiber carbohydrates，NFC）可提高饲粮能量水平，缓解奶牛能量负平衡，但大量NFC在瘤胃中降解可产生大量挥发性脂肪酸，降低瘤胃pH，导致瘤胃酸中毒，并导致奶牛采食量降低，加重奶牛能量负平衡。葡萄糖是特别重要的营养性单糖，是最为快速有效的供能营养素，也是大脑神经系统、肌肉、胎儿生长、脂肪组织、乳腺等代谢的唯一能源，其含量直接影响脂肪的分解状态，也与奶牛的产奶量和乳品质密切相关。高产奶牛产后血清葡萄糖含量下降，围产后期奶牛每天缺少250～500g葡萄糖，因此额外添加葡萄糖可缓解奶牛能量负平衡，但直接添加可出现瘤胃酸中毒，皱胃灌注和静脉注射可作为紧急治疗措施。饲粮中添加过瘤胃葡萄糖可提高奶牛泌乳量和提高血液中葡萄糖含量，降低酮体水平，改善能量负平衡。产后奶牛每天添加瘤胃保护葡萄糖微胶囊（瘤胃通过率57.42%）300～400g，可有效缓解奶牛产后体重损失，提高产奶量、血清葡萄糖含量，降低血清NEFA和BHBA浓度。乙基纤维素比聚丙烯酸树脂和壳聚糖制作的胶囊对葡萄糖有更好的过瘤胃保护效果。正常情况下，奶牛从饲粮中吸收的葡萄糖有限，因此通过葡萄糖的过瘤胃保护技术，可提高奶牛肠道中葡萄糖的吸收量，缓解奶牛能量负平衡。

（2）过瘤胃胆碱。胆碱对脂肪有亲和力，促进脂肪以磷脂形式由肝通过血液输出而改善脂肪酸在肝中的利用，避免脂肪肝。由于胆碱可在瘤胃中被微生物大量降解，极少数可进入小肠，为保障其正常功能，围产期奶牛使用过瘤胃胆碱，一方面过瘤胃胆碱有利于肝细胞脂肪酸氧化，胆碱在肝中转化为肉毒碱，促进肉毒碱棕榈酰转移酶1（carnitine palmitoyl transferase 1，CPT1）基因表达，促进NEFA氧化供能，同时抑制肝脂肪酸合成酶的表达，减少肝脂肪酸合成，提高能量利用效率，缓解能量负平衡；另一方面胆碱可通过提高抗氧化能力和免疫功能促进围产期奶牛机体健康。围产期奶牛添加过瘤胃胆碱可通过激活腺苷酸活化蛋白激酶α（amp-activated protein kinase α，AMPKα）、过氧化物酶体增殖激活受体（peroxisome proliferators-activated receptor α，PPARα）和固醇调节元件结合蛋白-1c（sterol regulatory element binding protein-1c，SREBP-1c）等因子的表达，调控肝细胞能量和脂质代谢，减少脂质蓄积，缓解奶牛能量负平衡，降低血浆NEFA、BHBA、MDA含量，提高血浆葡萄糖含量、提高VLDL含量及总抗氧化能力、提高谷胱甘肽过氧化氢酶活性，改善肝功能，促进机体健康。同时，过瘤胃胆碱的添加可提高4%乳脂校正乳产量，减少蛋白质动员，并改善产后泌乳性能和新生犊牛相关指标。对于围产期奶牛，胆碱有助于将肝中的脂肪酸与卵磷脂结合而运出肝，避免肝脂肪沉积形成脂肪肝。

（3）丙酸盐类。奶牛摄入的葡萄糖，一方面通过瘤胃微生物产生的短链脂肪酸（乙酸、丙酸、丁酸）经体内糖异生获得；另一方面通过小肠内分解的葡萄糖获得。糖异生途径产生的葡萄糖除通过短链脂肪酸获得，还可通过体内的脂肪、葡萄糖等物质转化而来。奶牛围产前期的乙酸、丁酸、总挥发脂肪酸含量显著高于泌乳期，而丙酸含量显著低于泌乳期，说明围产前期奶牛缺乏丙酸。奶牛围产期主要通过丙酸经糖异生产生葡萄糖供能（净能需要量的50%～60%）。丙酸生成量的减少，肝糖异生底物不足，是造成能量负平衡的重要原因。围产后期奶牛饲粮中添加 200g/d、300g/d 丙酸钙，虽然对采食量和乳成分无显著影响，但可显著提高血浆葡萄糖和胰岛素含量，降低血浆中 NEFA 和 BHBA 的浓度。丙酸盐在奶牛瘤胃内可水解为丙酸和金属离子，丙酸是反刍动物糖异生的前体物，可通过葡萄糖异生途径用于体内葡萄糖的合成，随着饲粮丙酸盐含量的增加，奶牛可合成更多的葡萄糖用于乳糖合成或供能，以缓解能量负平衡。同时，丙酸盐对霉菌、革兰氏阴性菌、黄曲霉菌有较好的抑制作用，是安全的饲料添加剂。丙酸钙在产后奶牛饲料中的使用，一方面通过提供丙酸进行糖异生缓解能量负平衡；另一方面可有效抑制夏季全混合日粮（total mixed diet，TMR）的腐败，避免饲料腐败影响奶牛采食量。

（4）过瘤胃烟酸。脂肪的分解为奶牛提供能量，但大量 NEFA 释放导致奶牛肝糖脂代谢发生一系列变化，产生脂肪肝和酮病。添加与糖代谢和脂代谢相关的维生素，对缓解奶牛能量负平衡具有重要意义。烟酰胺是烟酸（维生素 B_3）的酰胺形式，参与体内脂肪代谢，是辅酶Ⅰ和辅酶Ⅱ的组成部分，而辅酶Ⅰ和辅酶Ⅱ这 2 种酶在动物氧化供能过程起供氢体的作用，促进肝脂肪酸完全氧化，也减少酮体产生。通过添加过瘤胃烟酸，提高辅酶Ⅰ和辅酶Ⅱ的产生量，脂肪酸的完全氧化可提高能量供应量，缓解奶牛能量负平衡。于产前 14d 给奶牛灌服烟酰胺可提高产前干物质采食量，通过影响不饱和脂肪酸的生物合成量减少血清脂肪酸含量，降低血清甘油三酯、NEFA、BHBA、高密度脂蛋白（HDL）、低密度脂蛋白（LDL）含量，提高围产期奶牛血清葡萄糖含量，保持体内葡萄糖稳态，降低围产期奶牛患酮病和脂肪肝的风险。

（5）瘤胃微生物区系结构重塑。瘤胃的微生物多样性影响奶牛的消化和营养物质代谢。奶牛从产前到产后，随着饲粮结构的改变，其瘤胃微生物区系结构若不能适应饲粮结构的改变，则可能导致胃肠道消化功能紊乱，奶牛能量供应不足，引起能量负平衡。奶牛从围产前期进入泌乳期，瘤胃细菌的多样性显著降低。奶牛产后7d瘤胃微生物区系结构、α-多样性、优势菌门丰度、核心菌群分布与产后50d存在极显著差异。因此，瘤胃微生物的差异可能是限制奶牛消化的原因，可用瘤胃瘘管采集健康泌乳奶牛的瘤胃液，然后灌服产后奶牛，人工接种瘤胃微生物，人为改善和恢复消化道微生物，改善瘤胃发酵，可能会缓解奶牛因饲粮结构改变导致的消化功能紊乱。采集泌乳高峰期奶牛瘤胃液进行微生物移植，将其移至围产后期奶牛，可提高围产期奶牛的干物质采食量和采食频率，可使围产后期奶牛瘤胃微生物区系结构重塑，其瘤胃、直肠的微生物区系结构和相对成熟度更迅速，接近泌乳高峰奶牛，可改善代谢，有利于围产后期奶牛健康。

（6）其他。斜发沸石（clinoptilolite，CPL）是广泛应用于动物生产和兽医治疗的矿物，具有降低毒素水平、减少家畜腹泻、提高免疫力和促进动物生长的作用。额外饲喂产后奶牛100g/（d·头）的斜发沸石，显著降低了奶牛血清中BHBA、NEFA的浓度及脂蛋比。采食斜发沸石和不采食斜发沸石的奶牛亚临床型酮病发病率分别为7.9%和17.5%，说明添加斜发沸石有利于预防奶牛产后酮病。饲喂斜发沸石可以改善奶牛的瘤胃发酵、代谢及抗氧化状态，从而提高产后奶牛的健康，提高生产性能并缓解奶牛的能量负平衡。此外，胆固醇可通过上调3-磷酸甘油醛脱氢酶、己糖激酶和山梨醇脱氢酶活性来激活糖酵解途径，缓解能量负平衡，减少肝脂质沉积。丙二醇、丙三醇也可在瘤胃内转化为丙酸进而用于生糖或供能，用于缓解奶牛能量负平衡。

4. 饲养管理的改善

围产期奶牛酮病除因能量供应不平衡引起原发性酮病外，还有因其他疾病导致的动物机体的消化吸收能力降低引起的继发性酮病。奶牛舍饲环境差、通风较差、温度高、卧床及运动场条件差、晚上光照不足、饲养密度高、子宫内膜炎、蹄病、创伤性网胃炎等因素刺激都可直接或间接降低奶牛的采食量，诱导出现各种产后疾病，影响代谢，加重能量负平衡。生产中通过产前及产后各项管理措施的改善，可提高产后奶牛生产水平。

围产期奶牛严重的能量负平衡会导致代谢系统疾病，并出现其他继发性疾病。奶牛泌乳性能、繁殖性能降低，严重影响奶牛的生产效益。围产阶段应采取合理的饲养管理技术，促进奶牛产后干物质、生糖物质的采食，提高产后奶牛能量摄入量，减少奶牛酮病、脂肪肝的发生，以提高奶牛生产性能。奶牛产前管理和产后管理有效结合，才能实现最佳的生产性能和繁殖性能，对提高牧场经济效益具有重要意义。

第四章
围产期奶牛健康的影响因素及饲养管理

第一节　影响因素

一、糖脂代谢紊乱

脂肪组织的过度动员与围产期奶牛生产性疾病发病率较高密切相关。肝是能量代谢的中心器官，奶牛体内约85%的糖代谢来自肝糖异生，而且肝对于饲料摄入、繁殖性能和免疫等也具有核心调节作用。脂肪肝和酮病是围产期奶牛普遍发生的脂代谢相关疾病。大多数奶牛在围产期均出现不同程度的脂肪肝和酮病。脂肪肝和酮病的病因学因素是相似的，而且2种疾病均能造成肝功能的损伤。在泌乳早期，肝脂肪蓄积并不表现临床症状。脂肪肝也称为“脂肪动员综合征”，即奶牛体脂动员并使脂肪沉积于肝、肌肉以及其他组织。酮病、皱胃变位、胎衣不下等疾病发病率升高也与分娩期NEFA浓度升高有关。过度的脂肪动员能引起肝中的NEFA增加，并引起甘油三酯蓄积。如果脂质浸润进一步加剧，不仅导致肝脂肪变性综合征或脂肪肝的发生，而且还增加了其他疾病的患病风险，直至最后发展为母牛倒地不起综合征(downer cow syndrome)，甚至死亡。

二、胰岛素抵抗

胰岛素（insulin）是由胰腺β细胞分泌的，在脂肪组织、肌肉和肝中对糖、脂和蛋白质代谢均发挥重要作用。胰岛素是合成代谢激素，活性状态的胰岛素能储存营养物质。

1. 胰岛素与糖代谢

糖代谢中胰岛素的主要作用是提高葡萄糖进入胞吐的基础速率，同时减缓肝的内吞基础速率。通过促进葡萄糖激酶的活化促进葡萄糖的内向移动。最终使葡萄糖以糖原的形式储存。同时，胰岛素也能通过抑制糖异生关键酶（如果糖-二磷酸酶、丙酮酸羧化酶和磷酸烯醇式丙酮酸羧激酶）的活性从而抑制葡萄糖的生成。在反刍动物中，胰岛素虽然也能促进糖原生成，但由于奶牛肝中葡萄糖激酶通常很少或没有活性导致糖原生成很少。虽然反刍动物肝中己糖激酶对摄入的葡萄糖活化具有重要作用，己糖激酶在一定程度上具有葡萄糖激酶的作用，但由于己糖激酶是非特异性的，并且与葡萄糖激酶相比其作用有限，因此在正常生理条件下，反刍动物肝中只有少量葡萄糖存在。这可能也是奶牛在能量需求突然升高（如泌乳初期）时易患代谢紊乱性疾病的原因之一。

2. 胰岛素与脂代谢

在脂肪组织和肌肉中，胰岛素能通过脂蛋白酯酶（lipoprotein esterase，LPL）促进甘油三酯的合成。此外，胰岛素能通过降低环腺苷酸（cyclic adenylate，cAMP）水平、抑制蛋白激酶A和激素敏感脂肪酶（HSL）活性，从而抑制脂肪分解。肝中胰岛素促进脂肪生成并抑制生酮作用（ketogenesis）。胰岛素对反刍动物和非反刍动物肝中抗生酮作用的影响是相同的。胰岛素通过促进脂肪生成并抑制脂肪组织脂质分解，以减少肝NEFA摄入；通过促进外周组织对酮体的利用，并改变涉及肝生酮作用相关酶的活性，从而抑制生酮作用。但与非反刍动物不同的是，肝不是反刍动物脂肪生成的主要器官，在反刍动物消化道和肝生成脂肪的量仅占整体的8%。因此，胰岛素对反刍动物脂代谢的影响以抑制酮体生成作用为主。

3. 胰岛素抵抗

胰岛素抵抗（insulin resistance）是一种现象，是指生理浓度的胰岛素不能引起正常生理应答。胰岛素抵抗的定义是正常生理应答的产生需要大量（超出正常浓度的）胰岛素。这就意味着外源性补充胰岛素能改变胰岛素抵抗。这种情况可以认为是由于受体前环节（pre-receptor level）缺陷导致的胰岛素抵抗。如果外源性补充胰岛素依然不能改变胰岛素抵抗现象，则可认为是受体或受体后环节（post-receptor level）缺陷导致的。胰岛素抵抗是一种能表达胰岛素响应能力（胰岛素对葡萄糖响应）和（或）胰岛素敏感性（胰岛素对机体组织响应能力）的通用术语。胰岛素抵抗可能的分子机制是：①胰岛素与其受体（受体前环节）的相互作用发生改变，包括胰岛素的生成减少和（或）胰岛素降解增加；②胰岛素与其受体之间的相互作用发生改变（受体环节），包括受体数量的减少以及受体亲和力降低等；③细胞内胰岛素作用发生改变（受体后环节），包括细胞内信号传递和葡萄糖转运蛋白（glucose transporters，GLUT）受到影响。总之，受体前环节缺陷能引起糖尿病，受体水平缺陷能引起胰岛素响应能力下降；受体后环节缺陷能引起胰岛素敏感性降低。在妊娠后期和泌乳早期，胰岛素抵抗现象普遍存在。妊娠后期动物对外周组织中葡萄糖的利用能力比非妊娠期和泌乳期动物低。这可能是母体自体适应的一部分，目的在于保证妊娠后期胎儿有充足的能量供给。妊娠后期胎儿葡萄糖摄入量接近母体产生的葡萄糖量。妊娠期反刍动物外周组织胰岛素的敏感性降低是针对葡萄糖利用的，而非脂质利用。也就是说，妊娠后期反刍动物虽然外周组织中胰岛素的敏感性降低，脂质分解作用加强，但对葡萄糖利用的影响不大。因此，可以利用胰岛素能减少脂质分解但不引起血糖过低的原理，预防围产期奶牛肝脂沉积症。但从现有的胰岛素抵抗与脂代谢调节的机制来看，用补充胰岛素的方法预防围产期奶牛肝脂沉积症还有待商榷。

胰岛素对脂代谢调节的分子机制较为复杂，必须了解3种有关胰岛素-葡萄糖-脂肪酸代谢的关键转录因子：第1个转录因子是固醇调节元件结合蛋白-1c（SREBP-1c），SREBP-1c是SREBP的3种形式之一，属于转录因子碱性螺旋环-环-螺旋-亮氨酸拉链［basic helix-loop-helix-leucine zipper（b HLH-Zip）］家族成员之一。在细胞核中，SREBP-1c转录活化脂肪形成所需的所有基因。正常条件下，脂肪酸在肝的重新合成受胰岛素和葡萄糖的调节。胰岛素能被膜结合转录因子SREBP-1c激活形成脂肪。SREBP-1c过表达的转基因小鼠肝由于脂质生成增加能发展为典型的脂肪肝。第2个转录因子是碳水化合物应答元件结合蛋白（carbohydrate response element binding protein，Ch REBP）。葡萄糖可通过从细胞质进入细胞核激活Ch REBP，也可通过转录因子与DNA的结合活化。葡萄糖促进Ch REBP与肝型丙酮酸激酶（liver-type pyruvate kinase，L-PK）（肝型丙酮酸激酶是糖酵解的一种关键调节酶）启动子的E-box motif区域结合。L-PK催化磷酸烯醇式丙酮酸（PEP）转变为丙酮酸，丙酮酸进入三羧酸循环系统生成柠檬酸盐，作为乙酰辅酶A（acetyl-Co A）的主要来源用于脂肪酸合成。近年来，*Ch REBP*基因敲除的小鼠模型已被构建并鉴定，与体外试验所预测的结果一样，*Ch REBP*基因敲除的小鼠肝中L-PK的表达减少接近90%，并且所有脂肪酸合酶mRNA水平也降低接近50%。这表明Ch REBP能独立地促进所有脂肪生成基因的转录。因此，L-PK的活化可促进糖酵解和脂肪生成，从而在能量过剩条件下促进葡萄糖转变为脂肪酸。Ch REBP活化是否减少胰岛素抵抗状态下脂肪肝的发生还有待进一步研究。Ch REBP 可能促进脂肪过度生成，这种情况只有在高血糖症发生后才具有重要作用。第 3 个转录因子是过氧化物酶体增殖物激活受体-γ（peroxisome proliferator-activated receptor-γ，PPAR-γ）。PPAR-γ 是细胞核激素受体超家族成员之一，也是正常脂肪细胞分化所必需的。正常情况下，PPAR-γ 在肝中的表达水平非常低，然而在胰岛素抵抗和脂肪肝动物模型中，PPAR-γ 的表达显著增加。SREBP-1c 能转录活化 PPAR-γ，并且 SREBP-1c 可能通过促进细胞核受体的配体的产生来促进 PPAR-γ 的活化。脂肪特异性基因 *PPAR-γ* 敲除小鼠和脂质营养不良型转基因小鼠（AZIP/F-1）已经证实 *PPAR-γ* 的表达在脂肪肝的发展中发挥重要作用。

以上 3 种转录因子在胰岛素抵抗以及肝糖代谢、肝脂代谢中均具有重要作用。胰岛素抵抗时血液中存在高胰岛素和高血糖，这 2 种情况均能导致 FFAs 从外周循环进入肝，重新生成脂肪，而且将 FFAs 优先酯化为甘油三酯，这也可能是胰岛素抵抗能引起奶牛酮病和脂肪肝等代谢紊乱性疾病的原因。

三、氧化应激

氧化应激（oxidative stress）是指由于氧化剂和抗氧化剂相互作用失衡，使氧化剂作用超过了抗氧化剂的中和能力所致。在生理条件下，身体通常有充足的抗氧化剂储备以应付产生的自由基（free radicals）。然而，一旦产生的自由基超过身体的抗氧化剂产生能力时，即产生氧化应激。维持围产期尤其是泌乳早期奶牛健康对保证奶牛业生产至关重要，但也存在相当大的挑战，因为该时期体内有大量的代谢性应激源，可能增加各种疾病的患病风险。早期研究认为，氧化应激是奶牛疾病的病因学，因为补充某些抗氧化剂能缓解各种代谢和传染性疾病的程度。最近更多的研究支持的观点是氧化应激是一个重要的宿主免疫系统功能失调和免疫应答的潜在因素，能提高奶牛尤其是围产期奶牛对各种疾病的易感性。具体来讲，氧化应激能引起脂质及其他大分子的过氧化损伤，细胞膜和其他细胞成分随之发生改变。氧化应激还能引起重要生理和代谢功能紊乱等，并参与多种疾病病理学的发生发展过程。

抗氧化剂能在一定程度上反映机体氧化应激状态。一般情况下，内生性的抗氧化剂被分为 3 大类：第 1 类内生性抗氧化剂是抗氧化物酶类，包括超氧化物歧化酶（SOD）和谷胱甘肽过氧化物酶（GSH-Px），是细胞内抗氧化剂防御系统。SOD 被认为是第 1 个防御前的抗氧化剂，其主要作用是将超氧化物（O^{2-}）转变为过氧化氢。血浆中 GSH-Px 的作用尚不清楚。有研究认为，血浆中 GSH-Px 的活性与血浆脂类过氧化物含量有关，并认为 GSH-Px 是氧化应激的一个关键指标。第 2 类内生性抗氧化剂是非酶类蛋白抗氧化剂，主要存在于血浆中。血浆中总硫醇基能体现出白蛋白、*L*-半胱氨酸以及同型半胱氨酸的硫氢基。蛋白质巯基被认为是氧化应激时细胞外抗氧化防御体系中的重要元素。第 3 类内生性抗氧化剂是非酶类低分子抗氧化剂，主要存在于血浆、细胞外液、细胞内液、脂蛋白以及细胞膜中。非酶类低分子抗氧化剂还可进一步细分为水溶性抗氧化剂和脂溶性抗氧化剂。水溶性抗氧化剂有抗坏血酸、谷胱甘肽以及尿酸等。谷胱甘肽的功能极其重要，能活化酶反应的基质或辅底物；直接影响自由基和脂质过氧化并能保护细胞。在评估细胞的抗氧化能力中，谷胱甘肽被认为是一个比细胞内 GSH-Px 更有用的指标。而且，红细胞谷胱甘肽也能反映其他组织的谷胱甘肽的活性。其他的抗氧化剂还包括活性氧代谢物（ROM）和硫代巴比妥酸反应物（TBARS）等。围产期奶牛普遍经历氧化应激，而且产前体况评分较高的奶牛对氧化应激更加敏感，使其对其他代谢紊乱性疾病更加易感。

四、免疫抑制

围产期奶牛代谢和传染性疾病发病率升高，一定程度上与该时期奶牛免疫系统的功能低下有关，这种现象通常被称为免疫抑制(immunosuppression)。引起围产期奶牛免疫抑制的详细机制尚不清楚，但已经成为当前研究的热点。围产期奶牛出现免疫功能紊乱与机体内分泌和代谢因素有关。糖皮质激素，如氢化可的松即是一种已知的内分泌免疫抑制剂。糖皮质激素水平在奶牛临近分娩期升高，被认为（至少在一定程度上）与围产期免疫抑制有关。此外，雌激素和孕酮水平的改变仅在产前至分娩期可能直接或间接地影响免疫活性，但这些类固醇类激素不可能改变整个围产期免疫抑制，因此至少应该存在其他的因素引起免疫功能的紊乱。

围产期能量负平衡被认为与免疫抑制有关。然而，经试验诱导的能量负平衡对牛白细胞表面黏附因子只有轻微影响。而且，试验诱导泌乳中期奶牛的能量负平衡对内毒素侵入乳房诱导的临床症状没有影响。这些试验结果与理论相矛盾，可能是因为经试验诱导的动物模型与正常围产期奶牛之间相同之处仅仅是能量负平衡，但可能存在比能量负平衡更加重要的因素，能引起免疫抑制。此外，个别代谢成分与能量负平衡有关，并且由此推断，仅有低糖血症是不可能加剧围产期免疫抑制的。高酮血症的出现对免疫功能的多个方面具有多重负面效应。酮病可能增加围产期免疫抑制奶牛患乳腺炎的风险，这是因为与典型酮病有关的一些不同水平的代谢物，如低糖、高酮和高酯，能抑制多种免疫细胞活性。此外，酮病奶牛患乳腺炎的程度比非酮病奶牛更加严重。奶牛乳房防御机制的损伤可能与能量负平衡时的高酮血症有关。

另一个影响奶牛围产期免疫力的因素是钙代谢。产后初期，由于泌乳启动，大量的钙被用于乳汁合成，使奶牛往往处于钙负平衡状态。钙不仅是参与乳合成的重要元素，同时也是细胞内代谢和多种细胞（包括参与免疫系统的白细胞）信号传导所必需的。钙对白细胞的活化非常重要，分娩和低钙血症能“钝化”奶牛免疫细胞信号，从而引起免疫抑制。奶牛围产期普遍存在氧化应激，在此我们要强调的是氧化应激也是引起围产期奶牛免疫抑制的一个因素。在疾病的炎性阶段，免疫细胞能产生大量活性氧（ROS）和活性氮（RNS），白细胞正是将这些自由基成分作为其杀伤入侵病原体的武器，以达到免疫的目的。这些相同的分子在诱导哺乳动物组织损伤的同时（炎症），也能引起细菌和其他入侵病原体的致命性损伤。虽然这种防御非常有效，但这些氧化剂对细胞的破损没有选择性，经常非特异性地损伤哺乳动物的正常组织。如果抗氧化剂充足，并且炎性反应适度时，很少有显著的或者永久性组织破毁的情况发生。但前面我们提到，当围产期奶牛发生氧化应激时，氧化剂的产生往往超出抗氧化剂的中和能力，此时氧化剂能引起广泛的细胞包括免疫细胞或组织损伤和功能缺失。

第二节　饲养管理

一、饲养管理

要根据奶牛产前、产后生理特点和营养需求分阶段制作日粮配方，产前日粮中的镁含量提高到干物质的 0.4%，磷含量提高到干物质的 3%～4%，以减少奶牛乳腺炎发生；钙的用量降低至干奶期的 50%，去掉混合精饲料中的石粉。产后将钙含量提高至 0.8%～1.0%，防止低钙血症引起产后瘫痪。分娩前后 1 周添加 230～450g 丙二醇来弥补能量，以预防与治疗酮病；分娩前后分别添加 6g 和 12g 烟酸以促进瘤胃微生物生长，提高干物质消化率。此外，围产期可添加一定量的过瘤胃胆碱，以减少代谢病，如脂肪肝的发生。产后可添加 $NaHCO_3$ 与 MgO，两者比例以（2～3）∶1为最佳，来稳定瘤胃 pH。围产期应做好日粮过渡工作。一般而言，产前 3 周开始可逐日增加 0.3～0.5kg 精饲料，但不超过体重的 1%（5.5～6.0kg）。产后 3d 内维持产前精饲料用量，之后根据奶牛食欲和乳房消肿情况，逐日增加 0.5kg 精饲料，同时增加青贮饲料喂量。另外，为防止奶牛便秘，可在产前 2～3d 向日粮中加入适量的轻泻性饲料，如麸皮等。分娩后 1 周内尽量饲喂温水，冷水容易引发奶牛胃肠炎。

二、分娩管理

奶牛分娩前用新洁尔灭或来苏儿对产栏进行冲洗消毒，铺上干净的垫草，当母牛出现临产症状时准备接产。接产前用 0.1%高锰酸钾或 2%来苏儿清洗外阴部、各种接产用具，需消毒灭菌处理的器械要提前进行消毒灭菌处理。消毒药品准备齐全以备助产时使用。若牛躺卧分娩则最好左侧卧位，分娩后应使其尽早站立，切勿长时间躺卧。分娩后应尽快给母牛饲喂温热足量的麸皮盐水（麸皮 1 000～2 000g，碳酸钙 100～350g，盐 100～150g，温水 15～20L），可起到充饥、暖腹、增加腹压的作用。同时，给母牛饲喂优质干草 1～2kg。奶牛分娩后 30min 后即可挤奶，挤奶前必须清除牛床上污染的垫草，用温水清洗奶牛后躯，乳房用 0.1%～0.2%高锰酸钾溶液清洗消毒。挤奶时弃掉前 3 把奶，挤出 2.0～2.5kg 初乳。初乳存放时间切勿过长，最好立即饲喂犊牛以保证免疫球蛋白的生物活性。

三、疾病管理

奶牛围产期抗病能力极弱，易发生与分娩有关的疾病，主要有胎衣不下、产乳热、子宫脱出、酮病、蹄病、皱胃移位等疾病。表 4-1 列出了围产期奶牛疾病控制目标。为减少产后疾病的发生，产奶量在 20kg 以上的奶牛，可以补给益母草温热红糖水（红糖1 000g，益母草粉 250g，水 1 500g），以促进子宫恢复和恶露排出，每天 1 次，连服 2～3d 即可；或者给母牛灌服产后汤，确保奶牛产后高糖、高钙等营养需求，也可同时灌服 1L 丙二醇，以提供生糖先质，补充能量。产后应每天监测 1～2 次体温，若有升高，要及时查明原因并进行处理。如无特殊病症，产后 1 周可出产房，回到新产牛舍。

表 4-1　围产期奶牛疾病控制目标（分娩后 15d 以内）

疾病	目标	需引起注意
临床型酮病	<1%	>2%
胎衣不下（>24h）	<5%	>10%
产乳热	<1%	>5%
皱胃移位	<1%	>3%
蹄病	<2%	>4%

四、繁殖管理

繁殖人员应多关注奶牛的预产期，临近分娩时要注意观察奶牛的分娩预兆，做好接产准备，包括场地、器械、药品等。当胎儿进入产道，应及时检查胎儿前置部位是否正常，如属正常则应尽量让其自然分娩；若属异常则要在严格消毒后及时矫正，避免难产。对于头胎牛、胎儿过大、倒生、母牛子宫收缩无力等特殊情况，超过产出期（3～4h）后可适当助产。难产要分清是胎儿性难产、产道性难产还是产力性难产。

分娩后 12h 甚至之后的 7～8h 内应注意观察胎衣排出情况；24h 内应注意观察恶露排出的性状和数量，若排出大量暗红色恶露则为正常；3d 内应注意观察是否存在产乳热症状；7d 内注意观察恶露排出程度；15d 内注意观察子宫分泌物是否正常；30d 左右通过直肠检查子宫复旧情况；40～60d 注意观察产后首次发情。对所有产犊 10d 以上的母牛都要进行产科检查；对产犊不足 10d 但产犊时发生难产、产乳热、胎衣不下或有异常子宫分泌物的母牛也要检查。对检查出的繁殖疾病或诊断出的异常情况，要及时制订治疗方案并尽早治疗，以减少疾病对奶牛的伤害和经济损失。可肌内注射缩宫素 2mL，以利于胎衣排出和子宫复旧。应重视前列腺素（PG）在治疗子宫内膜炎中的辅助作用。

第五章 围产期奶牛易患疾病

近年来，随着对疾病病理和机制研究的不断深入，畜牧业也在不断地改善饲养管理方式以及治疗和预防方法。规模化奶牛的整体生产性能是奶牛养殖的重心。良好的管理、环境卫生、预防策略和添加剂等都可以保证奶牛健康，保持高生产性能。奶牛在围产期会经历妊娠后期、分娩、泌乳等一系列生理过程，强烈的代谢和生理应激以及免疫功能抑制会诱发奶牛多种代谢性疾病（如酮病、脂肪肝和低钙血症等）以及感染性疾病（如乳腺炎、子宫内膜炎），给奶牛业造成巨大影响。产后奶牛干物质采食量下降和能量需求增加引起的能量负平衡是导致围产期奶牛发生脂肪肝和酮病等能量代谢障碍性疾病的病理学基础。因此，必须将围产期作为防治奶牛易患疾病的重要阶段。围产期奶牛的代谢特点决定其对疾病的易患程度，尤其是一些代谢障碍性疾病。本章针对围产期奶牛易患疾病阐述了患病基础和防控措施，为奶牛疾病的防治以及奶牛易患疾病的病理研究奠定一定的理论基础。

第一节　酮　　病

酮病是围产期奶牛常见、多发的全身性功能失调和营养代谢障碍性疾病，通常发生在高产奶牛产后 0～28d，伴有食欲不振、产奶量减少等症状。奶牛酮病的主要临床病理学变化是低血糖、高血酮、乳酮及尿酮，血清游离脂肪酸含量增加。血糖浓度可降至 200～400mg/L（正常为 500mg/L 以上）；血酮浓度升高到 100mg/L 以上（正常血酮浓度为 6～60mg/L，平均为 20mg/L）。血酮浓度高于 3.0mmol/L 时就可出现临床症状，血酮浓度介于 1.2～3.0mmol/L 的则为亚临床型酮病。乳酮和尿酮的值变化较大，但它们的平均值与血酮有一定相关性。产后奶牛有轻微的低钙血症（低于 90mg/L），持续的高血酮可以导致低血磷（低于 40mg/L），酮病奶牛血清总蛋白浓度升高。奶牛血清天门冬氨酸氨基转氨酶浓度偏高，主要与该地区奶牛酮病和脂肪肝的发病率较高有关，同时也发现血清中的游离脂肪酸浓度与酮体浓度呈正相关。血液学检查还发现，嗜酸性粒细胞增多达 15%～40%，淋巴细胞增加达 60%～80%，中性粒细胞减少约 10%。酮病病因涉及的因素很多，也很复杂，主要有产后能量负平衡、日粮中营养不平衡和供应不足、脂肪肝引起酮体代谢障碍、产乳热、皱胃变位、蹄病等疾病继发性酮病。

一、概念

酮体是肝中 NEFA 部分氧化所产生的物质。机体产生的 3 种酮体分别是乙酰乙酸（acetoacetic acid，AcAc）、丙酮（acetone）、BHBA。BHBA 比较稳定，常被用来作为酮病的诊断指标，AcAc 可分解为丙酮，且丙酮具有挥发性。当生成的酮体作为能量超过外周组织的利用能力时，酮体就在血液中积聚。产后奶牛将动员体内的 NEFA，一部分 NEFA 在肝内被转化成酮体。当奶牛体内循环的酮体浓度过高时称为酮病。

体内循环酮体的正常浓度和异常浓度之间的区别目前尚无明

确界限，因为不是所有奶牛在酮体达到一定浓度时均发病。大部分研究中采用血浆 BHBA 浓度大于 1 200μmol/L 作为阈值。许多研究中均采用加拿大魁北克大学报道的血浆 BHBA 浓度大于 1 400μmol/L作为阈值。奶牛体内的血浆 BHBA 浓度呈右偏分布，介于 100～6 000μmol/L，个别奶牛的甚至更高。血浆 BHBA 浓度为1 200～1 400μmol/L 时可能对应偏态分布（偏向右侧）。血液 BHBA 浓度大于3 000μmol/L时可能出现临床症状。临床型酮病奶牛和健康奶牛乳汁中的 AcAc 及丙酮的总浓度差异显著，其中酮病奶牛乳汁中 AcAc 和丙酮总浓度为 1 030μmol/L，而健康奶牛乳汁中 AcAc 已丙酮总浓度最高为 2 200μmol/L。

二、发病原因

奶牛酮病和脂肪肝等营养代谢障碍性疾病的共同发病基础是能量负平衡。能量负平衡的发生是奶牛产前、产后耗能与从饲料中获能之间的不平衡所致。相比之下，高产奶牛更容易发生酮病，主要是由于其可供直接吸收的糖较少，特别是对于乳糖的合成来说，大部分糖主要通过组织代谢途径合成，并且挥发性脂肪酸也需要糖实现供能。奶牛作为反刍动物其体内的糖代谢容易遭到破坏，因为奶牛体内的糖绝大部分通过糖异生途径获得。奶牛在分娩后和泌乳高峰期由于泌乳需要更多的糖，但却得不到足够供应，正常情况下可通过降低泌乳量来适应能量供应不足，但是这一过程一般都不会发生，因为产后奶牛机体自身分泌的激素刺激产奶的作用大大超过采食量下降的作用。在这一时期，低血糖可导致胰岛素（insulin，INS）浓度降低。在血液 INS/胰高血糖素（glucagon，GN）低比率和高生长激素的情况下，体内脂肪组织将动员大量长链脂肪酸生成酮体，这样就会导致酮体生成增加。在现代化奶牛养殖场，奶牛产奶量比较高，需要大量乳糖才能满足泌乳需求，采食量远不能满足能量需要，因而酮病的发病率相对较高。酮病奶牛的生化特点主要表现为肝糖原储备降低、肝甘油三酯（triglyeride，TG）蓄积增加和酮体生成量增加。另据研究报道，只有具有遗传缺陷的奶牛才会发生酮病。该观点目前为止尚缺少试验依据支持。

奶牛酮体的生成主要通过 2 个途径：瘤胃内吸收的丁酸盐和体脂肪动员。日粮在瘤胃内发酵后产生丁酸，产生的丁酸被瘤胃上皮细胞吸收后转变为 BHBA。脂肪动员产生的 NEFA 被吸收后可被转运至肝，随后氧化产生乙酰辅酶 A（acetyl coenzyme A，AcCoA）和还原型辅酶Ⅰ（reduced nicotinamide adenine dinucleotide，NADH）。AcCoA 经三羧循环可氧化或代谢为 AcAc-CoA，通过三羧酸循环氧化需要有充足的丙酸和草酰乙酸，若丙酸和草酰乙酸缺乏，则导致 AcCoA 通过三羧酸循环氧化减少，会通过另一代谢途径生成酮体（丙酮、AcAc 和 BHBA）。酮体主要在肝中合成。正常状态时，肝产生的酮体与外周组织对酮体的利用处于平衡状态，部分酮体可作为能量被利用。丙酮的生成量相当小，生成后即被利用。AcAc、BHBA 经血流进入肝外组织，被氧化生成 AcCoA，结合草酰乙酸进入三羧酸循环，提供更多的能量供组织利用。在糖缺乏时，草酰乙酸离开三羧酸循环参与葡萄糖合成。而草酰乙酸严重不足，可造成 AcAc、BHBA 被氧化生成 AcCoA 后不能进入三羧酸循环，而 2 个 AcCoA 缩合成 AcAc-CoA，形成酮体。当生成的酮体超过组织对酮体的利用时，导致酮体在体内大量蓄积，继而引发酮病。

三、发病机理

奶牛代谢障碍性疾病是奶牛养殖中常见的疾病，更易发生于奶牛围产期。围产期奶牛产犊后经历了巨大的生理与代谢变化，以及一系列应激，如分娩、泌乳、日粮结构改变、环境变化等，这些都在很大程度上影响着奶牛的健康状况。产犊后奶牛的泌乳高峰比采

食高峰提前，而产后奶牛常食欲减退，干物质摄入减少，同时泌乳需要的能量供给增加，奶牛处于能量负平衡状态，造成奶牛的代偿性脂肪动员供给能量，肝是脂肪动员的核心场所。脂肪动员会导致高脂、高酮和低糖的情况。表现为血浆中 NEFA 浓度升高。这是围产期奶牛自身代偿性调节，但是一旦破坏这种稳态，如严重的能量负平衡会导致以高 NEFA 和高酮体为病症的奶牛酮病，或者脂肪肝等代谢障碍性疾病的发生。过高的 NEFA 和酮体必然会导致肝功能障碍和肝细胞损伤。奶牛酮病的主要代谢障碍是低血糖和高酮（乳酮、尿酮和血酮），并共同引发酮病的临床症状。在亚临床酮病向临床型酮病转变过程中，目前为止尚没有明确临床症状出现的原因。在大多数酮病病例中，临床症状的严重程度与低血糖程度存在极大的相关性，揭示低血糖是奶牛发生酮病的主要原因，该观点得到了降低奶牛血糖试验和给酮病奶牛注射 INS 试验的验证。在大多数临床病例中，酮病的临床综合征与病牛血液酮体水平存在较高的相关性。因此，可以认为酮体的产生是由于 GLU 大量缺乏引起的。酮体增加可能是奶牛酮病表现出临床症状的主要因素。另据报道，糖尿病人的中毒和昏迷是由过量的 AcAc 引起的。一些酮病奶牛的神经症状是由瘤胃内 AcAc 的分解产生大量异丙醇所引起的，神经系统糖供应不足是导致这一症状的原因之一，也有学者认为与高浓度的 NEFA 刺激神经细胞有关。原发性酮病通常在治疗后很快恢复，没有恢复的原因可能是由于其他原发性疾病所导致的继发性酮病，肝中脂肪降解可能导致酮病恢复期延长。长期的食欲降低可导致瘤胃微生态平衡被破坏，瘤胃的消化功能受到影响。产后初期，奶牛常会发生局部或全身感染，感染可破坏中性粒细胞的呼吸功能，进而也可引起 BHBA 水平升高。由于奶牛的能量摄入不能满足自身的需要，为保证血糖浓度的稳定，机体动用肝糖原，继而动员储脂，甚至体蛋白，引起奶牛血液中的酮体浓度升高、游离脂肪酸含量增多、甘油三酯含量减少等一系列变化。如果奶牛长

期处于能量负平衡状态，机体正常的内环境就会被打乱，继而引发奶牛食欲不振、产奶量下降等症状。迄今为止，主要有以下几种致病机制：

1. 糖代谢机制

奶牛产后泌乳需要大量葡萄糖来合成乳糖，而葡萄糖在反刍动物中主要靠糖异生作用提供。生糖先质主要有丙酸、生糖氨基酸、甘油等。奶牛发生酮病时，病牛厌食或不食，由胃肠道吸收的生糖先质减少或中断，引起血糖含量异常下降。这时机体必须动员肝糖原，随后动员体脂肪和体蛋白来加速糖异生作用以维持泌乳需要。反刍动物摄入的糖类饲料，作为葡萄糖而被吸收的很少，能量主要来自瘤胃内降解的挥发性脂肪酸——乙酸、丙酸和丁酸。其中，丙酸为生糖先质，用于合成乳酸后很少能有剩余。而乙酸和丁酸以及体脂动员产生的游离脂肪酸在肝内有 3 种去路：葡萄糖充足的条件下合成脂肪；消耗草酰乙酸进入三羧酸循环供能；生成酮体。糖类和生糖氨基酸是草酰乙酸的唯一来源，当奶牛厌食或不食时，糖类和生糖氨基酸摄入量减少，组织中的草酰乙酸浓度就会很低。因此，脂肪酸也就不会合成脂肪，只能进入生酮途径，这促使酮体浓度升高。

2. 脂代谢机制

干奶期和围产期奶牛饲料配方不当或奶牛缺乏运动，导致机体过度肥胖，若此时由于某些原因引起奶牛摄入的营养不能满足需求，机体为满足营养需求就要动用体脂，产生过量的游离脂肪酸，脂肪酸可以被酯化成低密度脂蛋白而转移出肝，但若能量或蛋白缺乏时，游离脂肪酸则以甘油三酯的脂肪小颗粒的形式在肝中沉积，而此时肝缺乏极低密度脂蛋白，不能将脂肪转运出肝，从而逐渐使肝细胞发生脂肪变性，发生脂肪变性的肝就称为脂肪肝。其代谢功能大大降低，这就会使脂肪酸向生酮的方向发展，促使了酮病发生。

奶牛在围产期时引发脂肪动员的发生，是为了适应能量供应不足而做出的调整。自身体能素质低下的奶牛无法适应这种调整，最终导致肝中酮体的生成大于其利用率，从而引发酮病。相应酶的作用与调节，把脂质甘油三酯分解为甘油和 NEFA 为细胞提供能量。胞内产生的 NEFA 通过特定的受体运输到细胞外。NEFA 一旦到细胞外，大部分由白蛋白运输入血，少部分是以散在单体形式存在于细胞液中。实际上，血浆 NEFA 的浓度已经被作为能量负平衡的检测指标。在妊娠晚期和干奶期，NEFA 在血浆中的平均浓度低于 0.2mmol/L。从分娩前 14d 左右开始，NEFA 浓度开始逐渐升高，在分娩后 10d 内浓度达到最高值 0.75mmol/L，这要取决于脂肪动员的程度。当血浆 NEFA 浓度将超过 1.0mmol/L 时，即为酮病奶牛。因此，有效检测血浆 NEFA 的浓度对于奶牛的健康以及生长性能具有实质性的意义。

NEFA 是由脂肪动员所产生的，可为不同组织细胞提供能量。NEFA 是通过不同机制进入白细胞和内皮细胞的。NEFA 一旦到达细胞质，会有多种代谢方式。一些可以通过线粒体 β-氧化，或者细胞内的细胞器，如内质网的同化方式作为产能的底物。NEFA 通过代谢产生的脂肪酸除了成为细胞膜磷脂质的主要成分外，一些已知的脂肪酸能附着于蛋白质而改变蛋白质的结构和功能，最普通的例子就是棕榈酸化。在这个反应中，一个分子的棕榈酸被某一蛋白质的空间结构包围，通过这一过程，蛋白质改变了与脂质双分子层的结合能力，以及其在细胞内的运输和靶型。因此，棕榈酸化是在免疫应答时白细胞激活的重要过程。虽然在脂肪动员方面已经取得了一定进展，但是对于脂肪动员和免疫应答这两者之间的联系还有待进一步研究。

脂肪酸调控细胞内某些基因的表达是通过与胞内的特定受体结合来实现的，如过氧化物酶体激活受体（peroxisome proliferators-activated receptors，PPARs）基因表达是核受体与启动子特异性结合的结果。不同细胞内炎性应答信号通路的调节可以通过某些饱和脂肪酸，如棕榈酸盐和硬脂酸盐（如肌管细胞、脂肪细胞、白细胞和内皮细胞）与其直接或者间接的相互作用来实现的。例如，在核因子-κB（nuclear factor-κB，NF-κB）信号通路中，在内皮细胞中棕榈酸和硬脂酸都可以激活 γB 激酶的抑制剂（IκB kinase-β，IKKβ），因此 NF-κB 转录因子的活性增强。棕榈酸和硬脂酸是TLR-4 的激动剂，TLR-4 通路可以激活 IKKβ，而 IKKβ 的激活可以提高 NF-κB 转录因子的活性。在脂肪肝奶牛的中性粒细胞中，NEFA 上调 TLR-4 的表达，介导激活下游 NF-κB 通路。这一研究对于掌握奶牛机体的健康状况具有重要意义。

脂毒性能导致异常脂肪沉积。异位脂肪沉积或者脂肪变性是由于非脂肪细胞的细胞质内的脂肪累积导致的。NEFA、二酰甘油、甘油三酯和磷脂质都是脂肪变性相关的常见脂肪代谢物。这种症状在人的许多器官和组织均有发生。脂肪肝是因为脂肪变性并伴有一定程度的脂肪动员，在养殖业中是一种常见疾病。肝细胞或其他细胞中有过多的脂肪代谢产物积累就会造成一定的理性损伤，如细胞器形态异变及数量上的降低。脂毒性能导致细胞凋亡或死亡。细胞的凋亡和死亡可以通过过多的 NEFA 或者其他脂肪代谢物的积累被激发。抗凋亡因子 Bcl-2 可通过脂肪酸酰基 CoA 和脂肪酸衍生物这些物质来抑制和降低其活性，因此可以促进凋亡。内质网应激的刺激也会诱导凋亡，而 NEFA 和其酰基 CoA 就是影响这种作用的物质。具体过程是内质网可折叠部分出现异常，其特点是特定蛋白翻译能力降低、内质网应激的变化、线粒体膜电位和心磷脂的合成都可以激活凋亡过程的发生，而细胞色素 c 则能够促进凋亡的发生，一旦被释放到细胞质中，凋亡级联反应就会不可逆转。

NEFA 在细胞内的作用机制分为 2 种类型：第一，NEFA 有改变蛋白质结构和功能的能力，棕榈酸化就是一个典型例子，已知棕榈酸比较集中于白细胞、肝细胞和脂肪细胞膜磷脂双分子层，而围产期与泌乳早期高浓度的棕榈酸能够通过棕榈酸化激活白细胞。第二，NEFA 或其相关的酰基激活某些信号转导通路是通过与受体结合来实现的，如细胞内的 NF-κB 信号通路就是通过 NEFA 激活的，活化的 NF-κB 信号通路能够诱导特定细胞产生特定的黏附分子。此外，该通路诱导特定因子和受体的转录可以增强细胞炎性应答的反应。另外，一定浓度的棕榈酸能够激活大动脉内皮细胞 p38MAPK（p38 mitogen-activated protein kinases，MAPK）信号通路，p38MAPK 信号通路又能够直接被 NEFA 激活，进而诱导凋亡。这些通路的激活为脂肪肝奶牛的治疗提供了新的治疗靶点。

3. 蛋白代谢机制

当奶牛机体缺乏能量，在动用体脂的同时，也会动员体蛋白，蛋白分解产生的氨基酸分为生糖氨基酸和生酮氨基酸。生糖氨基酸通过糖异生转变成草酰乙酸进入三羧酸循环，结合脂肪酸分解产生的乙酰辅酶 A 分解供能。生酮氨基酸的分解则会增加血液中的酮体含量。

4. 激素代谢机制

产后由于催乳素水平的提高，不断地促使乳腺组织产奶，泌乳量不断增加，乳糖需要量也不断增加，葡萄糖的消耗量也跟着增加，导致此循环中的葡萄糖就会减少，这又促使胰高血糖素分泌量增加、胰岛素分泌量减少、肾上腺素分泌量增加，它们的变化就使奶牛机体不断动员脂肪和蛋白进行糖异生，这促使了循环中酮体浓度的升高。

5. 自由基代谢机制

有氧代谢必然包含氧化和自由基的产生。正常情况下，自由基的产生处于动态平衡状态，对于机体抵抗疾病和维持机体正常功能非常重要。而一旦破坏这个平衡，使自由基累积，最终会导致氧化应激。围产期奶牛，尤其是代谢障碍性奶牛，其处于高代谢和高能量转化状态，产生大量自由基，而机体清除自由基的抗氧化系统功能有限，过多的自由基累积会使奶牛处于氧化应激状态。另外，代谢障碍性奶牛的高 NEFA 也可以通过各种方式产生大量 ROS，进一步加重围产期奶牛的氧化应激状态。过多的自由基还可以对机体蛋白、核酸和生物膜系统造成破坏，引起细胞损伤、器官和组织功能障碍，最终影响奶牛生产性能。

6. 其他机制

在体脂肪分解代谢加强时，长链脂酰辅酶 A 含量增多。长链脂酰辅酶 A 可反馈性地抑制柠檬酸合成酶和乙酰辅酶 A 羧化酶的活性。柠檬酸合成受到抑制，乙酰辅酶 A 不能合成柠檬酸进入三羧酸循环，乙酰辅酶 A 羧化酶受到抑制，则乙酰辅酶不能生成二酰辅酶 A 以合成脂肪酸，而草酰乙酸则能因接受乙酰辅酶 A 脱下来的氢而变成苹果酸，使草酰乙酸减少，从而促进酮体生成增多。微量元素钴的缺乏引起丙酸合成减少，进而影响糖的生成。此外，酮体生成增多还可引起瘤胃微生物菌群失调，影响奶牛消化功能。酮体可以转变成异丙醇，异丙醇进入脑组织，可引起奶牛过度兴奋，出现神经症状。另外，酮体中的 β-羟丁酸和乙酰乙酸都是有机酸，它们在循环系统中含量的升高，会引发酸中毒，导致机体对疾病的抵抗力降低。据报道，β-羟丁酸还可以影响白细胞的趋化性，降低巨噬细胞等的吞噬能力。因此，酮病奶牛更易发生乳腺炎、子宫内膜炎等疾病。

四、酮病的分类

研究者根据风险因素、病因学、病理学和临床症状对酮病进行了分类。目前，国外大部分学者依据病理学和发病时间将酮病分为 2 种类型，即Ⅰ型酮病和Ⅱ型酮病。这个分类最早由 Holtenius 等（1996）提出。也有学者根据有无明显的临床症状，如食欲减退、便秘、粪便上覆有黏液、精神沉郁或精神亢奋、产奶量降低、呼出气体有酮味等，又把酮病分为临床酮病和亚临床酮病。此外，根据原发性和继发性分类，将酮病分为原发性酮病、继发性酮病、食源性酮病等。

1. Ⅰ型酮病和Ⅱ型酮病

患Ⅰ型酮病时，糖异生机制主要是利用葡萄糖前体，但相对于奶牛需要日粮中的葡萄糖前体供应不足。主要的葡萄糖前体是瘤胃的挥发性脂肪酸丙酸盐，然后是氨基酸。发酵淀粉丙酸盐（挥发性脂肪酸的一部分）是由谷物中的淀粉发酵产生的，优质饲草也能产生部分丙酸盐。Ⅰ型酮病在奶牛高产时期发生，一般在产后3～6周，这时奶牛仍处于能量负平衡，当饲料中富含淀粉的谷物饲喂量不足，不能满足糖异生需要时发病，也称其为泌乳峰期酮病。尽管奶牛体重降低、NEFA被动员，但这种形式的酮病与脂肪肝浸润无关，因为极低浓度的胰岛素和葡萄糖刺激NEFA进入肝的线粒体内，这有助于合成的酮体进行再次酯化。Ⅰ型酮病可通过饲喂富含淀粉的饲料预防，也可以通过饲喂优质饲草提高微生物发酵和干物质摄入量进而提高瘤胃丙酸盐的产生量。Ⅰ型酮病在大多数奶牛养殖场不再被认为是一种高发疾病，除了与Ⅱ型酮病进行比较一般不再对其进行讨论。20世纪90年代中期以前的相关文献倾向于报道这种类型的酮病。

Ⅱ型酮病与脂肪肝浸润密切相关，常发生于产后1周内。与Ⅰ型酮病一样，Ⅱ型酮病的特征是低血糖和NEFA浓度升高。然而，与Ⅰ型酮病相比，Ⅱ型酮病与高浓度的NEFA、高血糖和低酮体浓度有关。Ⅰ型酮病常发生于产后高风险期之后，因此一般不伴发其他疾病。Ⅱ型酮病常常伴发其他疾病，如胎衣不下、子宫内膜炎和皱胃变位等，且治疗效果不好。Ⅱ型酮病奶牛糖异生和酮体生成动员程度不是很强烈，NEFA进入线粒体后也不像Ⅰ型酮病中那样活跃，导致细胞液中被动员的NEFA再酯化作用加强。如前所述，反刍动物肝输出甘油三酯的能力较低，这会引起脂肪肝浸润和破坏糖异生。脂肪肝浸润对于糖异生作用的破坏可能是间接的由肝中的尿素合成能力降低所引起的，这反过来降低了肝合成葡萄糖的能力。随着脂肪肝浸润、低血糖加剧和肝中的 NEFA 代谢由再酯化转向生酮，酮体浓度升高。除了肝代谢异常外，Ⅱ型酮病的发病与脂肪代谢即脂肪敏感性和胰岛素抵抗有关。脂肪敏感是指对给定的刺激脂肪分解应答能力提高。这个应答能力的提高可使体液中过量的 NEFA 释放。此外，Ⅱ型酮病奶牛的脂肪组织对抗脂解作用不能正常应答，如胰岛素、血糖或酮体浓度升高。脂肪敏感性提高的一个原因是奶牛肥胖。长期以来人们一直认为肥胖奶牛有很高的脂肪肝浸润风险，即肥胖母牛综合征。围产期是脂肪敏感性提高的一个因素，因此会导致Ⅱ型酮病和脂肪肝较早出现。在干奶期高能量饲喂也可引起胰岛素的抗脂解作用应答能力降低，如胰岛素抵抗。预防Ⅱ型酮病和脂肪肝的关键是在围产期对奶牛 NEFA 动员的合理控制。①给围产前期的奶牛供应足够的优质饲料，同时避免摄入过多的干物质，适当的运动。②不使奶牛过度肥胖以免脂肪敏感性太高。③通过合理饲喂减少胰岛素抵抗。④控制围产期的应激，如热应激或其他的围产期疾病。尽管病理学基础稍有不同，围产初期Ⅱ型酮病与泌乳峰期Ⅰ型酮病仍存在相关性，个别牛在围产初期患有Ⅱ型酮病很有可能随后又患泌乳峰期Ⅰ型酮病。

2. 临床型酮病和亚临床型酮病

根据有无临床症状可将酮病分为临床型酮病和亚临床型酮病两类。临床型酮病表现典型的临床症状，临床型酮病根据其临床症状和生化检测较易做出诊断。临床型酮病是指病牛出现了明显的损害健康的症状，使管理人员认为有必要进行下一步诊断调查，对经实验室或 CST 酮体升高的病例进行治疗。临床症状包括厌食、便秘、失明、快速消瘦、产奶量显著降低、嗜睡或异常兴奋、采食量减少、粪便干燥和体重降低；呼出的气味有明显的烂苹果味；乳汁、血液和尿液中酮体的含量升高。亚临床型酮病是指奶牛体内酮体含量超过阈值，但无明显临床症状。由于亚临床型酮病不出现明显的临床症状，监控项目开展时必须对看似健康的牛进行检测，以检出亚临床型酮病奶牛。血液酮体含量增加但不表现临床症状的称为亚临床型酮病。亚临床酮病在高产奶牛产后2～7周广泛存在，发病率介于7%～34%。

在临床型酮病与亚临床型酮病的区分上存在一些问题。首先，因为个人的观察技能和经验不一样，是否出现临床症状，不同的人做出的诊断也不同。此外，产奶量统计系统也影响着人们对产奶量和食欲降低的奶牛的查找。例如，这些变化在小规模集中饲养的牛群中可能比在大规模散养的牛群中更容易观察。奶牛日产奶量电子记录系统常被大规模奶牛养殖场采用，可以发现那些产奶量降低不明显的奶牛。其次，一般认为的临床型酮病和亚临床型酮病的划分在个体拴养的牛群比较有效，但对于全混合日粮（total mixed ration，TMR）饲养的牛群则存在问题。在TMR给料方式下，很难确切知道哪些奶牛采食量减少。新产奶牛的其他常见原因也可引起产奶量降低和食欲减退，如子宫感染，而且也不能一定归因于酮体水平升高。尽管新产牛体重下降比较快，但若想区别有无异常需要花费一定的时间观察。体重下降明显作为临床型酮病的特征不太适合用来观察产后初期酮病。最后，用是否有明显的临床症状区分临床型酮病和亚临床型酮病只能是描述同一现象的不同程度。一般报道临床型酮病牛的酮体浓度高于亚临床型酮病牛。然而，究竟酮体浓度在什么水平时奶牛才表现临床症状，不同的奶牛之间也存在差异。尽管存在如上所述的限制，亚临床这个词仍然是有用的，因为它可特指那些在监控程序中找到的但还没有出现临床症状的病牛。

3. 原发性酮病、继发性酮病和食源性酮病

原发性酮病：主要发生于妊娠后期及泌乳早期。妊娠后期由于胎儿的生长发育以及自身维持需要，奶牛需要摄入大量营养，如果饲料中能量供给不足，就会出现能量负平衡。泌乳早期是由于奶牛产后体质尚未恢复，食欲不好，奶牛摄入的营养物质不多，但此时泌乳量却快速地增长，营养摄入无法满足高泌乳量的需求，使奶牛处于能量负平衡的状态。

继发性酮病：任何引起食欲降低或者消化吸收障碍的疾病都可以引起酮病。最常见的是消化系统疾病，如皱胃变位、创伤性网胃炎等，其他的如产乳热、子宫内膜炎、乳腺炎等疾病引起食欲减退，也可引发本病。

食源性酮病：食源性酮病是由饲料某些成分所引起的酮病，主要见于青贮饲料。青贮饲料中含有很高的挥发性脂肪酸，包括丙酸、丁酸等。丙酸是生糖先质，而丁酸是生酮先质，如果丁酸含量太高，被小肠吸收进入血液，从而生成过多的酮体。还有一个可能的原因是，丁酸盐含量过高导致青贮饲料的适口性差，进而引起奶牛采食量减少，引发酮病。

4. 其他原因

一些特殊元素，如钴、碘、磷等的缺乏，也可能引发酮病。妊娠后期由于缺乏运动而引起奶牛分娩时的过度肥胖，也可提高酮病的发病率。

五、动态变化

关于酮病奶牛酮体动态变化的研究报道很少。流行病学研究一般都是关注酮病的诊断方法或者是酮病与其他临床疾病的关系，一般都是针对群体，个别牛的产后酮体测定很少开展。此外，营养管理研究人员常对 BHBA 进行重复测定，但他们的研究目的往往是借此了解不同的处理之间 BHBA 浓度平均曲线的差异。平均曲线可能可以解释某一个现象，但并不能准确或完全反映出组内所有个体的实际情况。为了更好地了解酮病的发生和制订合理的酮病监控方案，需要调查更多的关于个体奶牛的酮病动态变化的信息。酮病奶牛血液酮体浓度高于1 200μmol/L，且持续大约1.8周（或13d）。

六、与其他疾病、繁殖性能、产奶量和经济效益的相关性

不能把相关等同于因果关系。奶牛酮病和诱发酮病的因素之间的关系常常被描述为原因或作用关系，但即使是有很复杂或适合的模型，这些因果关系也不能被观察研究所证明。因果关系必须进行推断。例如，在试验方案中，因果关系可能是由于某一方面未知的或未曾遇到的因素导致的。酮病与许多其他疾病有关。尽管高浓度的酮体能够引起与此相关的问题，如产奶量下降、繁殖力下降和皱胃移位，但这些问题可能也与体重过度下降、高浓度的NEFA、脂肪肝浸润等有关，或者其他潜在的疾病才是问题发生的实际原因。酮病只是过度的NEB或NEB调节能力降低或两者兼有的标志。

1. 酮病与其他产后初期疾病的相关性

产后初期奶牛Ⅱ型酮病与皱胃移位存在很大的相关性，特别是皱胃左方变位（left displaced abomasum，LDA）。瘤胃是反刍动物4个胃中最大的胃，也是真正的起分泌作用的胃。当皱胃运动不足和充满气体时发生皱胃移位。由于皱胃的浮力增加，皱胃在腹腔中移动和扭转，导致消化不良，进而引起干物质摄入量减少、产奶量下降。皱胃移位可通过腹腔手术进行治疗，最近也有使用腹腔镜技术治疗的报道。美国和加拿大的泌乳期奶牛的皱胃移位发病率是3%～5%，且不同牛群间的发病率差异较大。

酮病和皱胃移位之间的相关性原因目前尚不明确，研究人员普遍认为亚临床型酮病发生在做出诊断后的4d内，发生临床型酮病的优势比（odds ratio，OR）为33.7%，发生子宫内膜炎的优势比为10.1，发生卵巢囊肿的优势比为5.6，但与乳腺炎没有显著

相关性。泌乳 30d 内的酮病奶牛发生皱胃移位的优势比为 13.8，发生子宫内膜炎的优势比为 1.7。此外，产乳热提高了临床型酮病的发病风险，优势比为 2.4。胎衣不下也随经产胎次不同而不同程度地提高了临床型酮病的发病风险，如经产 2 胎牛的优势比为 3.6，经产 3 胎以上牛的优势比为 2.9，经产 1 胎牛的没有报道。

产后 2 周血液 BHBA 浓度大于 1 400μmol/L 的奶牛发生皱胃移位和临床型酮病的风险比健康奶牛增加了 3 倍。亚临床型酮病奶牛的体重降低了 200%。相对于体况评分（body conditions score，BCS）为中等的奶牛，干奶期肥胖奶牛发生亚临床型酮病的风险增加了 1.6 倍，干奶期消瘦奶牛发生亚临床型酮病的风险降低了 30%。产后 1 周和 2 周血浆 BHBA 浓度大于 1 400μmol/L 的奶牛发生皱胃移位的风险提高（产后 1 周的优势比为 3.9，产后 2 周的优势比为 8.1）。发生皱胃左方变位后的 10d 内，对应相同的泌乳天数，皱胃左方变位病牛的血浆 BHBA 浓度（平均为 3 450μmol/L）高于无皱胃左方变位牛的血 BHBA 浓度（平均为 990μmol/L）。血浆 BHBA 浓度大于 1 200μmol/L 的奶牛皱胃移位发生的风险升高，优势比为 8.0。酮体水平升高与乳腺炎发生风险升高有关系，这与乳腺防御机制受损有关。

2. 酮病与繁殖性能的相关性

关于酮病是否是导致繁殖性能下降的直接原因，或者是因为酮病与过度的 NEB 的相关性导致繁殖性能下降，目前还不是十分清楚。NEB 一直以来被认为与生殖有关。尽管酮病和 NEB 存在内部相关性，但认为酮病与 NEB 相关的报道很少。此外，大量较早的对繁殖性能的研究倾向于仅仅评价繁殖成功与否。而一个成功的奶牛繁殖项目的目的是尽可能地使尽量多的母牛妊娠，时间间隔越短越好，同时要把成本控制在最低。所以，要综合考虑，而不能只是关注其中的某个或几个方面。产犊后奶牛血浆中丙酮浓度为 400μmol/L 或者更高，泌乳 12～60d 的奶牛分娩、妊娠间隔时间为

139d，而丙酮浓度低于 400μmol/L 的奶牛分娩、妊娠间隔时间为 85d。以血浆 BHBA 浓度大于 1 200μmol/L 作为酮病诊断标准，酮病奶牛的受孕失败率（27%）要高于健康奶牛（3%）。

3. 酮病与产奶量的相关性

关于酮病与产奶量的关系尽管观点不同，但是一般认为酮病与产奶量减少有关。通过每天测定酮病奶牛产奶量可以判定由酮病引起的产奶量减少可能是暂时的，或者在康复后的泌乳期内可以得到补偿。采用硝普盐测定乳汁时，发现乳汁颜色轻微变紫色的奶牛与它们的平均产奶量（23.5kg/d）相比，每天产奶量减少 1kg。血清 BHBA 浓度大于2 000μmol/L 的奶牛在完成血样测定后的 7d 内每天少产超过 4kg 的牛奶。奶牛产奶量在被诊断为酮病前 2～4 周就开始减少，诊断为酮病的 2 周内开始加剧（减少 3.0～5.3kg/d)，且持续时间随经产胎数变化而变化。经产奶牛在每个泌乳期内产奶量降低 67～535kg。在诊断出酮病前产奶量已降低了 1.2～4.9kg/d，因此产奶量降低可能是由亚临床型酮病引起的。

经产 2 胎或多胎的临床型酮病奶牛在诊断前和诊断后的 1 周内产奶量减少 8～9kg/d。酮病的发病率为 11%。每头奶牛每个哺乳期由酮病导致的产奶量减少 250～300kg。然而，奶牛在被诊断为酮病的 28d 后产奶量稍高于健康奶牛，305d 总产奶量稍高于健康奶牛（每个哺乳期多产 62kg)。平均诊断日期为泌乳开始后 8d，这一时期可能对应的是Ⅱ型酮病和脂肪肝。在泌乳 28d 后进行诊断，这一时期是Ⅰ型酮病发生的高峰期。

4. 酮病引起的经济损失

亚临床型酮病所带来的危害，如产奶量减少、增加皱胃移位和临床型酮病发生的风险和延迟受孕，每头亚临床型酮病病牛引起的经济损失大约为 80 美元，而每头临床型酮病病牛引起的经济损失为 145 美元。因为亚临床型酮病的发病率高于临床型酮病，大部分奶业损失是由亚临床型酮病所引起的。然而，对产后早期的亚临床型酮病治疗究竟能减少多少损失，以及产后初期奶牛的亚临床型酮病预防目前的报道非常有限。

七、诊断

1. 奶牛酮病诊断标准

奶牛亚临床型酮病的诊断标准是测量血浆 BHBA 浓度。测量单位有国际单位（μmol/L）和重量单位（mg/dL）。测定血清 BHBA 浓度的试剂盒已商业化，国内也可买到，可直接在全自动生化分析仪上使用。建议区别健康牛和酮病牛的血清 BHBA 阈值为1 400μmol/L（14.6mg/dL），高于这个水平将提高左方变位或临床型酮病发生的风险。也有将 1 000μmol/L 和 1 200μmol/L 作为亚临床型酮病的诊断阈值。目前来看，使用 1 200μmol/L 作为亚临床型酮病诊断阈值的报道较多。尽管血浆 BHBA 测定对牛群监控或研究目的有用，但若是使用它作为常规的牛旁检测（cowside test，CST）对于早期诊断和治疗既不方便，又昂贵，因此一般都是在科学研究时才采用。丙酮具有挥发性，高产奶牛发生酮病时，除乳中、尿中、血中的酮体浓度会明显上升外，呼出的气体中酮体浓度也会发生变化，因此对奶牛呼出气体中酮体浓度进行测定也能实现对酮病的诊断。利用气相色谱与红外光谱联用技术对气体样品进行检测，结果显示，气体检测诊断结果与血液检测诊断结果相吻合。存在的最大问题是采集样品受多种不稳定因素影响，如牛群健康、泌乳周期及个体变化等。

乳汁和尿液也含有酮体，二者可被用来做 CST。尿液中的总酮体浓度是血液中总酮体浓度的 4 倍。乳汁中的 BHBA 大约是血浆中的 1/8，而乳汁中的 AcAc 浓度是血液中的 40%～45%。血浆中的 BHBA 浓度与乳汁中的 BHBA、AcAc 浓度的相关性分别为 0.66 和 0.62。常用的酮病的 CST 主要是基于硝普盐与 AcAc 和少量的丙酮反应发生颜色变化。这些硝普盐测试常用粉剂（一般用来分析牛奶）和尿液分析试纸条。因为硝普盐反应随酮体浓度增高颜色加深，因此可以半定量地检测酮体。商业化的试纸条通常都提供参考比色卡，用以评估酮体水平。近年来，半定量检测 BHBA 的试纸条被开发和使用。这种试纸条在 BHBA 存在的情况下变为紫色，配合相应的试纸条比色卡可进行半定量分析。

用商业化酮粉分析乳汁时诊断亚临床型酮病的敏感性范围为28%～43%，非商业化酮粉的敏感性和特异性分别可达到 90%和96%，但这个结果不能重复。酮粉检测乳汁的特异性范围在96%～100%。使用尿样来进行 CST 诊断奶牛亚临床型酮病的报道比较少。酮体检测片剂的敏感性为 100%，特异性为 59%，这是以血浆 BHBA 浓度为 1 400μmol/L 或者更高为判断标准的。检测产后 2 周内奶牛的尿液 BHBA（代替 AcAc）试纸条的敏感性和特异性分别为 97%和 60%。也有使用尿液分析试纸条检测奶牛尿液 AcAc 的报道。一般认为，用酮粉检测乳汁酮体来诊断亚临床型酮病的敏感性较低，假阴性太多；用尿液分析试纸条检测的特异性较低，假阳性太多。

检测乳汁 BHBA 的试纸条是目前最为精确的奶牛酮病 CST 诊断方法。以血浆 BHBA 浓度大于 1 200μmol/L 作为诊断标准，乳汁 BHBA 浓度为 100μmol/L 作为分析试纸条阈值。该试纸条的敏感性和特异性分别可达到 72%和 89%。以血浆 BHBA 浓度大于 1 400μmol/L 作为亚临床型酮病的诊断标准，敏感性和特异性分别为 88%和 82%。

2. 奶牛酮病诊断方法

临床型酮病可根据特征性的临床症状进行诊断。但亚临床型酮病没有可以观察到的临床症状，只能根据临床病理学特征加以诊断。

（1）通过检测酮体浓度进行诊断。酮体包括乙酰乙酸、β-羟丁酸及丙酮。健康奶牛的酮体浓度在一定范围内。奶牛发生酮病时，血浆、乳汁以及尿液中的酮体浓度都会升高，因此可以通过定性和定量方法检测酮体浓度来诊断奶牛是否患有酮病。

（2）定性检测。酮粉法：配方为亚硝基铁氰化钠 0.5g，无水碳酸钠 10g，硫酸铵 20g。也有另外一种配方，硫酸铵用量为 10g，其余成分不变，将以上药物研磨混匀。取粉剂 0.1g 放于载玻片上或放于反应盘内，加新鲜尿液或乳汁 1～2 滴，观察颜色变化，出现颜色变化即为阳性，颜色越深，浓度越高，此法主要测定的是乙酰乙酸和丙酮。

（3）试剂法。3 种组成试剂为 5%亚硝基铁氰化钠溶液，10%氢氧化钠水溶液，20%醋酸。操作方法：取试管 1 支，先加新鲜尿液或乳液 5mL，随即加入 5%亚硝基铁氰化钠水溶液和 10%的氢氧化钠水溶液各 0.5mL（约 10 滴），颠倒混合，再加 20%醋酸 1mL（约 20 滴），再颠倒混合，观察结果，颜色变红者为阳性。

（4）试纸法。目前国内市场上已有商品化的尿酮体检测试纸条，用试纸条蘸取少量新鲜尿液，颜色变红则为阳性，根据颜色变化的深浅可推断酮体浓度的高低。另外，国外的检测试纸条有多种，原理大同小异，不过有一种检测乳中 β-羟丁酸含量的试纸条，准确率很高，乳中酮体浓度阈值为 200μmol/L，高于此值即可认为奶牛已患有亚临床型酮病，含量越高颜色变化越深。

（5）定量检测。改良水杨醛比色法：主要原理为酮体中的乙酰乙酸和 β-羟丁酸氧化水解后生成丙酮，丙酮在强碱溶液中与水杨醛生成一种显色的 1,5-双（2-羟苯基）-3,4-戊二烯酮产物。其颜色的深度与丙酮的浓度成正比。可用光电比色法和分光光度法测定。此法虽测定结果准确，但操作比较烦琐，现在已很少使用。

（6）β-羟丁酸脱氢酶法。3 种酮体（乙酰乙酸、BHBA 和丙酮）中 BHBA 含量占 78%，而且很稳定，通过 BHBA 脱氢酶法检测血清中 β-羟丁酸的含量可以判定奶牛是否患有酮病。此法在国外称为“金标准”，但鉴别的阈值报道不一，从1.0～1.4mmol/L都有报道，一般是以1.2mmol/L为界，低于此值为健康牛，介于1.2～2.0mmol/L的为亚临床型酮病病牛，高于2.0mmol/L为临床酮病病牛。此法操作简单，结果准确，已被科研工作者广泛采用。但目前国内还没有此法检测的试剂盒，需要从国外进口。

（7）奶牛亚临床型酮病检测试纸条。吉林大学王哲课题组于2007—2009年依据生物有机化学相关反应原理，通过对试剂组分进行筛选、优化和确定，采用相应的试剂和材料组装出试纸条成品，并进行实验室评价，成功地建立了一种经济实用、检测效果好的乳汁BHBA定量分析方法（紫外分光光度法）。采用血清BHBA＞1 200μmol/L作为奶牛亚临床型酮病的诊断标准，对比奶牛乳汁BHBA检测试纸条、乳酮半定量牛旁检测方法（尿液检测试纸条、酮粉以及国外同类乳汁BHBA检测试纸条）的检测敏感性和特异性，最终研制出可用于诊断奶牛亚临床型酮病的乳汁BHBA检测试纸条。该方法线性范围为0.01～5.0mmol/L，回收率为99.35%～100.22%，重复性好（$CV<2\%$），最低检测限为0.01mmol/L，与荧光分光光度法检测具有良好的相关性（$r=0.993\,9$）。该试纸条（专利号：200710056031.9）检测成本较低，具有较好的特异性、敏感性和重复性，是一种可用于乳汁BHBA定量检测的方法。

亚临床型酮病奶牛乳汁BHBA检测试纸条设计原理如下：主要试剂组成为NAD、NBT、BHBA脱氢酶和黄递酶；确定了配制试纸条的反应液的缓冲液为Tris-盐酸缓冲液，其最适浓度和pH分别为0.01mol/L和8.5；不同增溶增敏剂试验确定了适合的增溶增敏剂为Tween-20，其最适添加浓度为0.1%；明确了金属离子（K^+、Na^+、NH^{4+}、Mn^{2+}、Zn^{2+}、Ca^{2+}、Ba^{2+}和Mg^{2+}）均不同程度地抑制试纸条反应，抑制作用顺序依次为$K^+<Na^+<NH^{4+}<Mn^{2+}<Zn^{2+}<Ca^{2+}<Ba^{2+}<Mg^{2+}$；采用正交试验确定了试纸条的

主要试剂 NAD、NBT、BHBA 脱氢酶和黄递酶的最适配比。

依据试纸条反应原理及试剂配比，配制了试纸条的反应液，以薄型中速定量滤纸、聚乙烯塑料胶板为材料成功组装了试纸条。制作了试纸条的标准比色卡，色阶分别为 50μmol/L、100μmol/L、200μmol/L、500μmol/L、1 000μmol/L，以 200μmol/L 作为试纸条阳性结果判读标准。确定试纸条与被检样品反应的结果判读时间为反应 3min 后。该组装试纸条稳定性好，可在 2～8℃条件下保存 18 个月而不降低检测性能，符合国家食品与药品监督管理局关于临床体外诊断试剂的相关标准。所研制试纸条特异性较好，与 *L*-乳酸、*L*-琥珀酸、延胡索酸、AcAc、丙酮、*L*-脯氨酸和 *L*-半胱氨酸均不发生反应；用不同批次和批间试纸条分别检测 BHBA 标准溶液及已知浓度的 BHBA 阳性、阴性牛奶样品，BHBA 标准溶液符合率为 100%，BHBA 阳性牛乳符合率为 100%，BHBA 阴性牛乳符合率为 100%，表明试纸条的重复性较好；显色敏感性试验表明，自制试纸条有较好的敏感性。

以血浆 BHBA＞1 200μmol/L 作为奶牛亚临床酮病的诊断标准，乳汁 BHBA 检测试纸条和国外同类产品 Ketolac 试纸条的检测敏感性（分别为 64%和 67%）、特异性（均为 93%）要高于酮粉（57%和 96%）和尿液检测试纸条（52%和 88%），乳汁 BHBA 检测试纸条的检测敏感性和特异性达到了国外同类试纸条的标准。被检牛乳汁 BHBA 平均浓度为 80μmol/L，血浆 BHBA 平均浓度为 690μmol/L，乳汁 BHBA 浓度与血浆 BHBA 浓度的比值为 0.12。乳汁 BHBA 浓度与血浆 BHBA 浓度的相关性为 63%，这可能是影响乳汁 BHBA 检测试纸条的检测敏感性和特异性的主要因素。乳汁 BHBA 检测试纸条价格远远低于国外同类试纸条的价格，在检测参数方面达到了国外同类试纸条的水平，可以应用于诊断奶牛亚临床型酮病。结合我国实际国情，乳汁 BHBA 检测试纸条具有广阔的应用前景和较高的经济价值。

（8）其他诊断方法。乳汁中脂肪和蛋白与酮体含量具有一定的相关性，但还不能单独以检测每天的乳脂、乳蛋白含量来判定奶牛是否患有亚临床酮病。尿液 pH 与乙酰乙酸的相关系数为－0.5，而与尿液中 β-羟丁酸的相关系数为－0.65，尿液 pH 可以作为酮病的一个参考指标，而不能用于鉴别是否患酮病。通过收集奶牛呼出的气体并检测气体中丙酮的含量，并将其与血清中的 β-羟丁酸含量相比较，找到它们之间的关系，以找出是否患病的阈值。研究者将集气装置和检测设备结合起来，建立了一个称之为“特异性电子鼻”的设备，以用此来筛选患酮病的奶牛，不过此装置的准确性及可操作性还需要进一步研究。

以上方法主要用于原发性酮病的诊断，而对于非原发性酮病，应当在治疗酮病的同时找出原发病原因，只有消除原发病才能彻底治愈酮病。近年来，运用比较蛋白组学，从糖代谢、脂代谢、蛋白质代谢、氨基酸代谢、核苷酸代谢等有关的酶类以及有关的结构蛋白方面入手，分析比较了酮病奶牛与健康奶牛肝中蛋白质的差异，使我们对酮病有了更进一步的认识，同时也在酮病的致病机理和诊断方面为我们提供了一个新的研究方向。

八、监控

奶牛产后血酮浓度的升高与产奶量降低、繁殖能力下降、皱胃移位、临床型酮病发病风险增加有关。为了通过早期检测和治疗减少这些损失，国外许多兽医相关职业规定及奶牛养殖标准都提出对产后初期即奶牛酮病高发期的奶牛进行乳汁或尿液酮体检测。可以从 2 个方面来判断奶牛酮病监控项目成功与否。一是治疗，治疗亚临床型酮病有助于减少该病引起的危害，一些预防措施可降低酮体浓度和皱胃移位的发病风险。然而，酮体减少与预防皱胃移位之间的因果关系目前尚不清楚。如果能保证很好的治疗，有效的监控程序将非常有价值，可以带来持久的效益。二是对发病奶牛进行精确检测的能力，即使检测本身已经被评估，但是关于如何设计监控程序以便准确地发现发病奶牛的报道目前非常少。

采用试纸条每周检测 1 次乳汁中 BHBA 的浓度，可以发现病牛并及时治疗，从而避免进一步的损失。关于在监控-治疗程序中采用哪个阈值，如果是为了治疗阳性牛，推荐采用具有高特异性的阈值，这样阳性检测的阳性预测值将尽可能地扩大。然而，这个方法不考虑假阴性诊断结果的成本，是因为特异性升高而降低了敏感性。此外，诊断方法、疾病的变化（如血浆 BHBA 浓度升高的持续期）和样品检测（如完成检测的样品的数量和检测的间隔）也可以影响随机检测的亚临床型酮病病牛的监控程序的敏感性和特异性。截至目前，在对监控程序的研究中，对产后初期奶牛血酮代谢的持续时间或检测特征的描述比较少。上述信息对于生产人员确定取样设计（频率和阈值）以便应用于监控程序，进而准确、有效、及时和经济地检测发病牛，非常重要。

另外，人们还不知道每周 1 次的监控程序在亚临床酮病牛的诊断中的准确率有多高。虽然酮病监控程序的诊断特征还没有被明确，但酮病是皱胃移位发生的一个诱因。皱胃移位是监控程序所监控的主要疾病，围产期酮病可能是最为确定的皱胃移位发生的诱因。采用每周检测 1 次血浆 BHBA 浓度代替每周检测 1 次乳汁 BHBA 浓度，产后 1 周的样品以 1 400μmol/L 为阈值，39%的皱胃移位病牛可以被预测（以 1 200μmol/L 作为阈值则为 50%），但 14%的对照牛的检测结果为假阳性（以 1 200μmol/L 作为阈值则为 25%）。产后第 2 周采用较高的阈值 1 600μmol/L，可以检测出 50%的皱胃移位病牛，假阳性率仅有 4%。

采用 1 200μmol/L 作为预测皱胃移位的阈值，敏感性为 63%，特异性为 82%。尽管采用乳汁 BHBA 浓度或血浆 BHBA 浓度作为每周监控程序几乎同样可以预测皱胃移位，但每周监控 1 次可能导致一半以上的后来发生皱胃移位的牛被漏掉。众所周知，如果能合理设计监控程序，将提高对皱胃移位的有效预防或治疗。

九、综合防控

1. 预防

预防酮病主要是从干奶期开始加强管理，在妊娠后期应给奶牛饲喂尽量多的优质干草，饲喂压片玉米及大麦片等高能饲料，但蛋白与能量比例要合理，能量强度中等即可。此外，还应经常放牧，避免母牛过度肥胖以及胎儿过大而引起难产。产犊后，要在不减少饲料摄入量的前提下，给予尽量多的能量，初期少喂青贮饲料，多喂优质干草，更换日粮要逐步进行，精饲料应为易于消化的能量饲料，如玉米粉等。此外，还应保证其他营养物质均衡。对于高产奶牛，也可以添加丙酸盐等生糖先质预防酮病。从产前3周到产后3周，给牛饲喂一种能量添加剂（主要成分：78.43％的丙酸，21.36％的钙，0.155％的锌，0.053％的铜），可以减少脂肪的动员，有效地降低酮病发病率。饲料中合理地添加莫能菌素可以使酮病发病率降低一半，并且还可以缩短酮病的病程。泌乳初期，使用丙二醇及丙三醇可以有效地减少奶牛机体的脂肪动员，降低酮病发病率，但不能提高奶牛采食量，也不能提高繁殖性能，而且由于其适口性差，需要与其他饲料混合饲喂。最新研究运用微生态的理论将体外筛选出的4种酵母菌以及瘤胃内的3种丙酸生成菌按一定比例混合发酵，研制出复合菌发酵剂。该微生态制剂可以有效地降低血液中酮体的含量，提高葡萄糖的水平，且没有副作用。

奶牛酮病是奶牛养殖业中常见的群发性多发病。迄今为止，国内外学者对酮病的研究已涉及了发病原因、流行病学、致病机理、诊断以及防治等的方方面面，但仍然有许多问题需要解决：酮病的最初环节是低血糖，而奶牛机体的血糖储备很多，调节机能也很强，完全有能力保证血糖的稳定，为什么却没能保证？在营养缺乏的情况下，奶牛为什么不自我调节，减少催乳素的分泌，以减少奶产量来缓解营养缺乏；现有酮体定性的检测方法多种多样，准确程度报道不一；亚临床酮病对奶牛生产方面的影响说法也不一致；奶牛酮病引起其他产后疾病的机理也很牵强，这些都还需要我们进行进一步研究。

2. 治疗

酮病是泌乳早期奶牛的常见疾病。患酮病的奶牛体内糖异生作用受阻，导致血糖水平降低，所以治疗酮病的基础是升糖降酮，即补充葡萄糖、刺激糖异生和减少脂肪分解。

（1）替代疗法。大多数母牛静脉注射葡萄糖有效，静脉滴注50％的高糖500mL，不仅可以快速提高血液中葡萄糖含量，而且效果明显，但这是暂时性的，需要反复注射；否则，容易复发，而反复注射葡萄糖容易引起静脉炎。果糖虽然能延长作用时间，但是会引起特异性反应。最常用的酮病治疗方法是单独口服丙二醇或组合静脉注射葡萄糖，此法既可快速提高循环中的葡萄糖水平，又可降低血液中的酮体含量。最佳建议是每天口服300mL 100％丙二醇，连续5d。丙二醇组合*L*-肉碱和蛋氨酸治疗酮病效果更好，可降低血浆中BHBA浓度，提高葡萄糖浓度，同时不影响繁殖性能。除丙二醇外，补充*L*-肉碱和蛋氨酸不仅可以通过丙酮酸羧化酶刺激代谢物通量来增加肝葡萄糖的产生，而且还可以增强肝以VLDL形式输出甘油三酯的能力，提高产奶量，这些归因于提供糖异生底物和减少肝酮体生成。

莫能菌素能通过影响瘤胃微生物菌群而增加瘤胃中丙酸比例，从而增加生糖先质；同时，莫能菌素能够降低血液中NEFA和酮体的浓度，改善葡萄糖的可用性，缓解能量负平衡。国外已经开发出了莫能星缓释胶囊，产前3周开始每天摄入335mg莫能菌素，连续95d，能够达到预防酮病的目的。奶牛分娩后6～12h每千克体重静脉注射10mg利胆丁酸，24h、48h后再重复注射，也能明显提高血液中葡萄糖的浓度，预防酮病发生。在饲料中添加酿酒酵母可使瘤胃液中乳酸含量减少，血清脂质代谢标志物和肝酶活性降低，血糖浓度提高，从而发挥一定的保肝作用。产后补充发酵氨化浓缩乳清可改善饲料转化率和血浆代谢物水平。发酵氨化浓缩乳清进入瘤胃后可作为乳酸吸收，生成丙酸盐或乙酸盐，或通过瘤胃微生物生成丁酸盐，随后被吸收。额外生成的丙酸盐可补充三羧酸循环中间体，从而更大限度地改善乙酰辅酶A的完全氧化，导致BHBA生成减少。

（2）激素疗法。在替代疗法的基础上，现一般用糖皮质激素，如氢化可的松等，可选择肌内注射或静脉注射可的松1g，或肌内注射促肾上腺皮质激素200～800IU，但上述治疗措施可能会消耗草酰乙酸或使奶牛初期泌乳量下降。也可以用促肾上腺皮质激素，此激素可以促使肾上腺皮质释放糖皮质激素，糖皮质激素可以刺激糖异生作用，产生大量葡萄糖。对于有神经症状的奶牛可以用水合氯醛进行治疗（首次30g，以后7g/次，2次/d，连用3～5d）。另外，还需要纠正酸中毒，投喂健胃药以及补充微量元素等。高血糖素通过调控葡萄糖分解和糖异生作用，可改善糖类的代谢而维持血糖浓度。同时，高血糖素能加速脂肪分解，促进脂肪组织中脂肪酸的利用，减少肝脂沉积。产犊后第2天开始皮下注射高血糖素能有效预防酮病。牛生长激素（bovine somatotropin，bST）可以促进肝丙酸的糖异生作用，抑制丙酸氧化，从而改善奶牛能量代谢。

围产期奶牛葡萄糖供应不足、能量需求增加和干物质采食量下降引起NEB，导致机体脂肪动员产生大量NEFA进入肝。NEFA不完全氧化生成酮体或者再次酯化生成甘油三酯是诱发围产期奶牛酮病或脂肪肝的根本因素。除了管理因素，围产期奶牛酮病的综合防控，主要是补充葡萄糖、刺激糖异生和减少脂肪分解。

第二节 脂 肪 肝

脂肪肝是奶牛围产期一种常见的代谢性疾病，主要发生于围产期高产奶牛，其主要特征是肝细胞中甘油三酯（triglyceride，TG）积累。围产期奶牛经历严重的能量负平衡，机体动员脂肪组织以满足能量需求，这种动员常导致血液中非酯化脂肪酸浓度升高。非酯化脂肪酸经血液循环，一部分进入乳腺中合成乳脂，绝大部分进入肝被吸收，再酯化为甘油三酯并在肝中积累，从而导致脂肪肝的发生。脂肪肝多发生于泌乳初期的高产奶牛，可引起奶牛产奶量下降，并诱发其他疾病，造成奶牛过早淘汰甚至死亡，严重制约了我国奶牛业发展。

按湿重计算，正常肝中脂肪约占5%，由于某种或多种原因使肝中脂肪含量超过正常含量，称为脂肪肝。现认为围产期奶牛脂肪肝的发生主要与干奶期饲养管理差、围产期营养摄入不足、激素水平变化、精饲料过多、运动不足、感染、炎症的高发病率所引发的围产期代谢和生理上的巨大改变有关，加之奶牛产犊后干物质采食量下降、泌乳消耗大量能量，此时奶牛必然动用体脂，这些被动员的体脂中仅有20%被乳腺利用，其余大部分都被肝吸收了。此外，并不是只有饲喂奶牛高能日粮才会引发脂肪肝。妊娠后期连续5d持续饲喂粗饲料后，同样可以导致脂肪肝的发生。这些进入肝中的α-磷酸甘油不断合成甘油三酯，同时低血糖导致肝清除极低密度脂蛋白（VLDL）的能力下降。VLDL的分泌是肝清除甘油三酯的主要途径。在反刍动物，肝甘油三酯的合成率与其他动物相近，同时由于反刍动物分泌VLDL入血液的效率很低，加之反刍动物肝缺乏足量的脂蛋白脂酶和肝脂酶，通过水解氧化以清除甘油三酯的途径受到明显限制，从而导致甘油三酯在肝中蓄积而形成脂肪肝。

导致奶牛脂肪肝发生的另一个因素是在泌乳早期促进肝脂肪从

头合成。在正常条件下，从脂肪组织动员的NEFA是肝甘油三酯的主要来源，并且反刍动物的肝脂肪从头合成很少。然而，由于泌乳早期奶牛普遍存在生理性胰岛素抵抗，能促进肝脂肪的从头合成，从而加剧肝脂蓄积。此外，由于促炎细胞因子能刺激脂肪分解和肝脂肪生成，所以泌乳早期奶牛也会因为高水平促炎细胞因子而诱发脂肪肝。且患脂肪肝的奶牛脂肪动员加剧，比健康奶牛VLDL的合成效率更低。根据单位湿重肝组织中的TG含量不同，将脂肪肝分为轻度脂肪肝、中度脂肪肝和重度脂肪肝3种类型。

脂肪肝的病理学变化主要由脂质浸润引起，除了肝呈现浅黄色外观、肿大且边缘钝圆外，肾上腺、肾、心脏和骨骼肌等组织器官也会有过量的甘油三酯浸润。重度脂肪肝奶牛还呈现全身各组织器官退化和坏死。组织学上的病理变化主要包括：肝实质中脂肪囊肿；肝细胞体积增加；线粒体损伤；细胞核浓缩或者粗面内质网、血窦和其他细胞器的体积减小；细胞器数量减少。轻度脂肪肝奶牛甘油三酯的累积仅限于肝静脉附近肝的小叶中央部分，但积累延伸至中段，可在中度和重度脂肪肝奶牛的门静脉切片中观察到。微观改变影响肝细胞的细胞完整性和功能，因此导致坏死和细胞渗漏，特别是在患有重度脂肪肝的奶牛中，这可通过血浆中肝酶和胆汁浓度的提高来证明。

一、发病原因

1. 围产期的特殊性因素

奶牛产前2～3周至产后2～3周这一由妊娠后期转变到泌乳初期的特定阶段称为过渡期，也称为围产期。围产期奶牛要经历巨大的生理变化，主要包括3个不同的生理阶段：干奶、分娩及泌乳。奶牛因为承受了妊娠、分娩及泌乳启动等生理应激，以及由低能饲料向高能饲料转换带来的饲料应激，从而引发机体一系列特定生理变化，这可能使得奶牛生殖、消化等生理机能失常，能量、矿物质等的代谢以及神经内分泌的调节发生紊乱，导致营养代谢障碍性疾病，如酮病、脂肪肝、低钙血症、低镁血症等的发生。我国奶牛围产期酮病的发病率占泌乳牛的15%～30%，脂肪肝的发病率超过30%。因此，围产期是对奶牛的健康、生产性能以及繁殖能力有重要影响的一个至关重要的生理阶段。这一时期的饲养管理直接关系奶牛的体况、泌乳和生产情况，只有打好了这个基础，奶牛才能发挥最佳生产性能，带来最大的经济效益。奶牛此时期在营养与代谢方面呈现出干物质采食量（dry matter intake，DMI）下降、NEB以及代谢信号变化等显著特点。

（1）DMI下降。以往人们普遍认为围产期奶牛DMI的下降是由于胎儿体积增大和腹腔大量脂肪蓄积给瘤胃造成了机械性压迫，使瘤胃的容积减小所致。但泌乳初期奶牛的DMI并未因分娩出胎儿、瘤胃机械性压迫被解除而增加。这说明瘤胃受到机械性压迫并不是引起围产期奶牛DMI减少的关键因素。围产期奶牛DMI减少之所以比其他动物持续时间长、幅度大，可能与以下因素有关。一是可能与生殖激素相关，孕激素能增加食欲，而雌激素抑制食欲，两者在对包括摄食在内的能量平衡的作用几乎相反，但其中的机制还不清楚。奶牛的孕激素水平在产前几天提高，雌激素水平在妊娠后期提高，分娩后又迅速下降，两者的剧烈变化，可能导致其DMI下降。二是在围产期，伴随着奶牛经受分娩应激、内分泌以及体液酸碱平衡的变化，机体内环境也相应发生了改变，这就可能引起奶牛前胃机能减弱，从而导致DMI下降以及影响其他物质的代谢，这在某些方面也可能是奶牛机体的一种适应性反应。分娩前日粮的营养物质组成会影响奶牛的DMI。妊娠的最后3周，其DMI下降32%，而主要下降在最后1周，以能量浓度较高的日粮DMI下降较多。当日粮中性洗涤纤维从400g/kg DM降到300g/kg DM时，日粮DMI提高21%；当日粮粗脂肪从20g/kg DM提高到

32～57g/kg DM时，日粮DMI降低11%，日粮中粗蛋白质含量对DMI无明显影响。

（2）NEB。在反刍动物中，一些过瘤胃的可溶性多糖是可以进入小肠直接被分解为葡萄糖的，但类似这种直接吸收而被利用的内源性葡萄糖占极少数。反刍动物摄入的淀粉、纤维素等能量物质在瘤胃微生物的作用下生成挥发性脂肪酸，其中仅有丙酸被吸收进入门静脉，由肝摄取并异生成血糖供能。因此，反刍动物体内90%的葡萄糖是由糖异生供给的。这些挥发性脂肪酸被利用供能时，也需要葡萄糖的参与。这就导致反刍动物易发生葡萄糖供应不足，这是反刍动物葡萄糖营养和代谢的主要特点。尤其是在生理急剧变化的围产期，奶牛极易发生葡萄糖供应不足。

奶牛妊娠末期胎儿的组织和器官继续发育，胎儿体重迅速增加，相对应地对营养物质尤其是干物质和矿物质的需求量越来越大。胎儿生长发育所需的全部营养完全是通过胎盘从母体中获取的，这就引起母体相应营养成分的含量相对减少，同时母体还要储备营养为分娩和产奶做准备。奶牛分娩后，又需要大量的营养来满足产奶量的迅速增加。妊娠后期胎儿消耗的葡萄糖可占母体所产生葡萄糖的46%。泌乳高峰期消耗的葡萄糖可占母体所产生葡萄糖的85%。然而，此时的奶牛正处在DMI下降的阶段，即使奶牛DMI在分娩后逐渐增加，但其高峰通常出现在产后3个月左右，而产奶量在产后1个月左右就达到高峰，加之奶牛葡萄糖代谢的特殊性，这些综合因素使奶牛采食的能量不能满足奶牛泌乳需要，从而导致了NEB。奶牛NEB一般在分娩前几天就发生了，在分娩后1周较明显，并在分娩2周以后出现最高峰。其严重程度主要取决于奶牛的产奶量与围产期的饲养管理水平。一般来说，奶牛产奶量越高，围产期饲养管理水平越低，越易发生持续时间较长、较为严重的NEB；相反，奶牛产奶量越低、围产期饲养管理水平越高，则NEB相对较轻，并且持续时间较短。高产奶牛NEB一般不能通过自身调节来解决，而且越是高产的奶牛其 NEB 程度越严重。总的来说，糖异生障碍是 NEB 的根本原因，脂肪动员是 NEB 的必然结果。奶牛泌乳前 2 个月，体脂肪的动用量可达 15～60kg，相当于 428.4～1 785MJ 的产奶净能或 150～600kg 标准奶的能量。机体脂肪大量动员，产生大量的 NEFA。脂肪大量动员，一方面填补了糖异生作用障碍所引起的能量亏欠；另一方面释放大量 NEFA 进入血液或肝。NEFA 进入肝后，首先被相应的酶活化为脂酰辅酶 A，然后进行进一步的代谢，主要包括 3 条途径：一是彻底被氧化成二氧化碳，为肝提供能量；二是被部分氧化生成酮体，被转运到肝外组织利用；三是重新酯化形成甘油三酯、磷脂或胆固醇酯，用于合成脂蛋白或被转移到肝外组织利用。奶牛 NEB 程度越严重，脂肪动员越多越快，NEFA 产生的就越多越快，而肝利用 NEFA 的能力是有限的，最终使甘油三酯聚积在肝实质细胞，形成脂肪肝。正常奶牛分娩时比分娩前血浆 NEFA 含量增加 123%，肝甘油三酯含量增加 97%，肥胖奶牛增加得更多。因此，干奶末期 NEFA 的水平是反映围产期 NEB 及脂肪动员情况的可靠指标。NEB 还影响“丘脑下部-垂体-卵巢轴”维持促黄体素脉冲释放的功能，而促黄体素在生产中对诱导排卵和黄体发育非常重要。NEB 不仅抑制促黄体素的分泌，而且也使卵巢对促黄体素刺激作用的敏感性降低，致使奶牛产后的乏情期延长，这也可能是脂肪肝奶牛产犊间隔延长的原因。

（3）代谢信号的改变。代谢信号包括胰岛素、生殖激素、应激激素、瘦蛋白、细胞因子和神经肽 Y（neuropeptide Y，NPY）等。其中，瘦蛋白和 NPY 对摄食的调节作用尤为突出。对 NPY 对围产期奶牛的摄食及能量的调控进行研究发现，干奶期低能饲喂牛 NPY 出现的时间早于高能饲喂牛，表明 NPY 是调控围产期奶牛干物质摄入和 NEB 的重要因子。反刍动物能量代谢的调节主要受胰岛素等激素的控制，特别是当机体能量代谢紊乱时，可首先通过胰岛素进行调节。例如，低能日粮致使动物机体能量供应不足，这时可依靠体内脂肪动员来弥补能量供应不足进而升高血糖，而血糖升高则引起血液中胰岛素浓度相应升高，胰岛素浓度升高的同时还提高了奶牛对除乳腺以外的其他末梢组织的葡萄糖的利用，从而维持血糖水平稳定。血糖水平可以通过高能日粮直接提高，同时引起胰岛素的分泌量增加，一方面将血糖转化为糖原储存起来或在肝细胞内将葡萄糖转变成脂肪酸，并将其转运到脂肪组织储存；另一方面促进葡萄糖氧化提供能量，从而降低血糖水平。在奶牛围产期，相关代谢信号的改变可能使DMI下降从而导致奶牛代谢紊乱。NEB时，低血糖能够刺激胰高血糖素分泌增加，同时抑制胰岛素分泌，从而使胰岛素/胰高血糖素的比率下降，以提高肝的葡萄糖生成量。同时，降低葡萄糖在外周组织中的氧化。这些变化又提高了脂肪分解的限速酶——激素敏感脂酶的活性，导致了脂肪大量动员、NEFA大量生成。另外，一些参与奶牛生命活动的重要激素也出现了变化。在奶牛妊娠末期，血浆中甲状腺素、雌激素浓度逐渐升高，前者在分娩时下降50%，然后又开始升高，而后者则在产后立即下降。为了维持妊娠，妊娠期间奶牛血中保持较高的孕酮水平，但在临近分娩时则迅速下降。糖皮质激素和促乳素浓度在分娩当天升高，产后第2天即恢复到产前水平。

2. 营养因素

引发脂肪肝的营养因素主要指能促进脂肪分解、特殊的营养成分、激素或者毒素这些可以影响肝物质代谢的因素。脂肪肝最主要的营养因素是肥胖。相对于体况评分正常的奶牛，在围产期代谢和免疫功能改变的情况下，过度肥胖的奶牛（BCS≥4.0）脂肪组织分解增强。而肥胖的奶牛在这种情况下干物质摄入量急剧减少，因此能量负平衡状态更为严重。围产期过度肥胖的奶牛，能量负平衡加剧以及干物质摄入量减少，可能主要是由于脂肪含量增加、脂肪细胞体积增大，以及脂肪组织对糖皮质激素的敏感性增强，而对

BHBA、葡萄糖和胰岛素的敏感性降低。奶牛脂肪细胞能分泌多种激素，如瘦素，以及 TNF-α、白介素等促炎细胞因子，这几种物质均可以降低采食量、胰岛素敏感性，增加肝的脂肪合成，促进代谢及炎症反应。肥胖并不是导致脂肪肝的主要因素，尤其当奶牛处于健康状态或者可以根据产奶需求来改变采食量的时候。

目前，关于产前日粮成分对脂肪肝发展的影响还存在一定争议。而导致以上结果不一致的原因可能是实验奶牛体况、日粮饲喂时间、饲料营养成分，以及其他与脂肪肝相关因素的差异所造成的。因此，深入研究体况评分、产前日粮和产后日粮对奶牛脂肪肝发生的影响是有必要的。正如分娩前日粮成分对脂肪肝发展的影响一样，产后日粮成分对脂肪肝发生的影响也存在差异。日粮成分突然改变和高能日粮可以增加瘤胃酸中毒和细菌性内毒素血症的风险。这 2 种疾病均与脂肪肝的病因学密切相关。研究证实，产后高蛋白含量的日粮增大了脂肪肝发生的概率。因此，需要进一步评价产前日粮和产后日粮成分对脂肪肝发生的影响以及其与奶牛体况、健康状态之间的关系。分娩前后限饲 30%～50%或禁食 4～6d 可以诱发脂肪肝。通过限饲诱导脂肪肝的效果取决于奶牛发生能量负平衡的特点，主要是奶牛能否在产后马上发生能量负平衡。妊娠后期饲喂奶牛稻草 5d 可以降低肥胖奶牛的体况分，并诱发产前脂肪肝、流产和高死亡率。限饲 20%可以显著减少肝中甘油三酯的含量，但随后采取相同的方法却并没有得到类似的结果。特殊的营养成分、激素或者毒素，这些可以改变肝物质代谢过程的因素也可以诱发脂肪肝。为了促使脂肪肝的发生，限饲的同时添加 1，3-丁二醇可以诱导脂肪肝和酮病发生，因为 1，3-丁二醇可以提高血浆中 BHBA 的浓度，而且 1，3-丁二醇与限饲联合使用诱导脂肪肝的方法比单独使用其中一种更为有效。干奶期（2～3 个月）持续过饲和在分娩后短时间禁食（6～8h）也被认为是诱导脂肪肝的最有效的方法。禁食 4～6d 联合注射雌激素或地塞米松，或连续 1 周注射

225mg 的乙硫氨酸（甲硫氨酸的类似物）是目前诱导奶牛脂肪肝成功率最高的方法，并且该方法与奶牛所处泌乳的阶段无关。限饲和地塞米松促进了脂肪组织的脂解作用，而雌激素促进肝的脂肪生成作用。乙硫氨酸通过降低 ATP 的浓度抑制肝蛋白质和磷脂合成。但在这些研究中，并没有提及实验奶牛的体况分。因此，是否体况差的奶牛（BCS≤2.5）能发生脂肪肝一直是个疑问，因为奶牛并不能通过脂肪组织动员产生大量 NEFA。氨基酸和水溶性维生素不足可以诱导非反刍动物发生脂肪肝，但是对于奶牛则没有作用。瘤胃中的细菌通常可以为奶牛提供足够的必需氨基酸、维生素和抗氧化剂，但是在饲料改变、饲喂劣质饲料和奶牛处于围产期时可以导致以上物质供应不足从而引发脂肪肝。因此，氨基酸和维生素缺乏在脂肪肝发生的病因学中起着关键作用。然而，也不能排除脂肪肝的发生是因为能量不足而引发的，而不是由于氨基酸和维生素的缺乏引发的，因为饲料的改变、劣质饲料和围产期均与能量负平衡密切相关。

3. 管理因素

管理因素与动物营养和健康状况相关，也影响着脂肪肝的发生。饲料品质差，如丁酸含量较高的青贮饲料，可以通过增加 BHBA 的产量和减少饲料摄入增加脂肪肝的发生概率。突然更换饲料或者饲喂高糖日粮可以导致瘤胃酸中毒，而瘤胃酸中毒在围产期发生频繁并且与脂肪肝的发生病因相关，因为酸中毒提高了酮体生成量以及内毒素与促炎细胞因子的浓度。因此，通常可以给发生严重脂肪肝的奶牛灌服健康奶牛的瘤胃液来预防酸中毒的发生。通常高龄奶牛发生脂肪肝的概率很高，其发病率升高的原因可能与产后脂肪蓄积、高产奶量、较长的产程、免疫功能降低，或抗氧化能力降低等有关，所有这些都是可以导致脂肪肝发生的独立因素。

围产期奶牛运动不足、卫生条件较差、环境温度较高、湿度大、空气质量差等也可引发脂肪肝。所有这些因素均可以释放儿茶酚胺类物质，诱导脂肪组织分解释放大量 NEFA，减少干物质摄入量，增加感染性疾病发生的风险。诸如皱胃变位、运动障碍、乳腺炎、子宫内膜炎、产乳热和胎衣不下等疾病可以减少干物质摄入量，增加营养需求，导致炎症反应并同时促进脂肪组织分解，从而导致肝脂肪沉积发生。以上疾病与脂肪肝发生的关系主要与这些疾病所引发能量负平衡的程度相关。其他可以引起干物质摄入量减少和脂肪动员增加的致病因素主要还包括妊娠时间延长和难产。

4. 遗传因素

引起脂肪肝发生的遗传因素主要包括影响干物质摄入、脂肪组织中脂类代谢、肝中脂类代谢和分泌相关基因的改变。具体来说，基因突变可以导致脂肪组织中脂解作用增强、肝中脂肪沉积增加、肝中脂肪酸氧化代谢作用减弱、载脂蛋白的组装和分泌能力降低。以上这些因素都是导致脂肪肝发生的关键因素。迄今为止，尚未发现可以导致奶牛发生脂肪肝的特殊基因。

目前还没有关于肝中甘油三酯或者脂类含量的遗传力估计值的相关报道。然而，对于酮病和皱胃变位这 2 种与脂肪肝密切相关的疾病来说，酮病的遗传力估计值介于 0.07～0.32，而皱胃变位的为 0.24，提示脂肪肝可能也有遗传基础。通过限饲和联合注射 1，3-丁二醇并不能成功诱导所有奶牛发生脂肪肝，表明有些奶牛可能本身对脂肪肝易感。遗传选育防治脂肪肝的另一个问题可能是许多高产奶牛在泌乳初期发生轻微的脂肪肝，因为泌乳初期加剧的能量负平衡和胰岛素耐受可以使奶牛在整个泌乳期维持较高的产奶量。检测奶牛对脂肪肝易感性的生理学实验技术的发展，有利于明确脂肪肝遗传基础，对于临床防治奶牛脂肪肝有重要意义。而在实际生产中，类似的方法已经被用来检测免疫功能改变的遗传基础。

5. 个体因素

奶牛脂肪肝的发生具有明显的个体差异。75％的个体在产前

17d 肝脂肪含量低于 5%，50%的个体在分娩第 1 天肝脂肪含量达 15%以上。肥胖奶牛在围产期发生脂肪肝的概率要比正常体况的奶牛大。这主要是由于肥胖奶牛在分娩后 DMI 的下降比正常体况奶牛幅度大，速度也快，因此出现显著的 NEB，而更容易患脂肪肝。年龄大的奶牛因体内蓄积脂肪过多，加之其免疫力和抗氧化能力下降从而更容易患脂肪肝。胎次与脂肪肝的发生有密切关系，3 胎以上的奶牛更易患脂肪肝，这可能是因为相对于 3 胎以内的奶牛来说，3 胎以上的奶牛体内的脂肪蓄积更多，更易发生脂肪动员而导致的。另外，患有某些消耗性疾病，如前胃迟缓、皱胃变位、产乳热以及某些传染病等的奶牛，更容易继发脂肪肝。

二、发病机理

1. 采食量下降导致脂肪组织动员

脂肪肝是奶牛在分娩期生理和代谢状态发生改变时产生的结果，这些变化被称为“微态调节”。微态调节的生理意义是将体内内源性（组织动员的）和外源性（消化吸收的）营养物质重新分配，使其从非乳腺组织转移到乳腺组织来满足泌乳量急剧增加产生的营养物质需求。成年奶牛在分娩期内，由于内分泌发生改变，干物质采食量会下降 30%～50%。此时，乳腺泌乳对营养需求较高，而采食量的下降致使营养缺乏，奶牛机体开始动员脂肪组织，引起血浆中 NEFA 浓度急剧升高，动员的体脂有 20%被乳腺利用，剩余 80%大部分进入肝。

2. 肝脂代谢

NEFA 在肝中代谢主要有 3 条途径：①NEFA 经三羧酸循环彻底氧化分解生成 CO_2 为肝供能；②NEFA 部分氧化分解生成酮体（BHBA、乙酰乙酸和丙酮）和能量，所产能量提供给肝外组织利用；③NEFA 再酯化生成甘油三酯、磷脂或胆固醇酯，用于脂蛋白合成，部分甘油三酯以 VLDL 的形式运出肝外进入血液循环重新分布，或储存于肝细胞。故肝细胞中甘油三酯含量与血液中 NEFA 的浓度有关。肝内合成的甘油三酯、磷脂、胆固醇与载脂蛋白 B100（APOlipoprotein B100，APOB100）和载脂蛋白 E（APOE）等载脂蛋白结合形成 VLDL 转运出肝。然而，由于牛体内载脂蛋白先天不足，肝以 VLDL 形式代谢甘油三酯的能力先天有限。当泌乳早期大量 NEFA 进入肝而超过肝代谢能力时，过量甘油三酯蓄积于肝，极易引发奶牛脂肪肝。脂肪酸氧化分解主要是 β-氧化，在线粒体进行。脂肪酸在肉碱脂酰转移酶的催化下从胞液转移到线粒体，此过程能够影响 NEFA 被氧化或被酯化比例，进而影响肝 TAG 生成量。反刍动物肝合成 TAG 的脂肪酸来自血液的游离脂肪酸（FFA），肝 TAG 合成量与血液中脂肪动员所产生的 FFA 成正比。肝合成 TAG 以后以脂肪微粒形式储存在细胞质中，在溶酶体脂酶作用下水解，水解后产物被氧化利用或再酯化。此外，肝 TAG 还可以以极低密度脂蛋白的形式转运出肝，被外周组织氧化利用。由于反刍动物肝缺乏足量的脂蛋白脂酶和肝脂酶，通过水解氧化以清除 TAG 的途径受到明显限制。因此，极低密度脂蛋白的分泌成为反刍动物肝清除 TAG 的主要途径。

3. 极低密度脂蛋白的合成、转运、代谢异常

极低密度脂蛋白主要包含胆固醇、胆固醇酯、蛋白质、磷脂以及甘油三酯，其中脂质含量约为 90%，蛋白质含量约为 10%，因动物种类不同稍有差异。反刍动物甘油三酯含量与其他动物相近，但是以极低密度脂蛋白形式分泌进入血液的效率较其他动物低，容易造成 TAG 肝内沉积，形成脂肪肝。反刍动物几乎不会因摄入脂肪而引起血脂升高。脂肪在体内大多是以脂肪酸结合白蛋白的形式被转运，而以 TG 的形式储存。被转运的绝大部分 NEFA 被肝吸收后，一部分完全氧化生成 CO_2 或不完全氧化生成酮体，另一部分被酯化后与总胆固醇、磷脂和载脂蛋白结合形成主要以 VLDL 形式存在的脂蛋白。VLDL 进入血液将 TG 转运到肝外组织器官储存或加以利用。若肝合成的 TG 不能及时被 VLDL 转运，就会形成脂肪肝。

富含 TG 的 VLDL 的合成需要磷脂、TG、TC 和胆固醇酯，以及 APOB100、载脂蛋白 C（APOlipoprotein C，APOC）和 APOE。载脂蛋白、TG、TC、磷脂的合成和最初的 VLDL 组装都是在内质网上进行的。APOB100 与脂类结合以完成适当的分子折叠而且必须在微粒体 TG 转运蛋白的协助下才能完成。这种新生成的 VLDL 颗粒经转移小泡携带从内质网转运到高尔基体，载脂蛋白在此部位发生磷脂交换和糖基化修饰。脂蛋白被分泌小泡携带穿过高尔基体到达细胞表面并发生融合、释放，随后分泌到血液当中。高密度脂蛋白（high density lipoprotein，HDL）与进入血液循环的 VLDL 之间进行物质交换，VLDL 接受来自 HDL 的 APOCⅡ。APOCⅡ充当 LPL 的辅酶而激活 LPL，被激活的 LPL 可水解大量的 TG，从而大量释放出 NEFA，被用于氧化供能。伴随着 VLDL 颗粒的逐渐缩小，一方面 APOC 和 APOE 被转移到 HDL 颗粒中去，而 APOB100 则保留在 VLDL 颗粒中；另一方面，在胆固醇酯转移蛋白协助下，VLDL 中的磷脂、胆固醇等被转移至 HDL，而 HDL 的胆固醇酯被转移至 VLDL。此时，血液中残留的 VLDL 颗粒称为中间密度脂蛋白（intermediated-density lipoprotein，IDL）。近一半的 IDL 进一步代谢转变为低密度脂蛋白（low density lipoprotein，LDL），其余绝大部分与肝细胞膜上的低密度脂蛋白受体结合而被肝摄取，进行进一步的分解代谢，还有少部分进入肝外组织进而被摄取、代谢。血浆中的 VLDL 很不均一，大体分为两类：一类是大颗粒、富含 TG 的 VLDL，这类 VLDL 迅速被清除，转变为 LDL 的仅 10%左右；另一类是小颗粒、含 TG 少的 VLDL，这类 VLDL 被清除的速度较慢，转变成 LDL 的有 40%左右。体内 70%～75%的 LDL 由分布在肝组织内、外的 LDL 受体途径进行代谢，其余的 LDL 大多经由非受体依赖性、非特异性的途径进行代谢。

LDL 与其受体结合后，LDL 颗粒被胞吞而进入溶酶体，并在其中被水解，释放出游离胆固醇。游离胆固醇进而被细胞膜利用或转换成其他物质。在此过程中，LDL 一直向细胞提供胆固醇。VLDL 由 TG、TC、胆固醇酯、蛋白质组成。人 VLDL 的脂质含量达 90%，其中 TG 占 55%～65%，蛋白质占 10%。VLDL 组成因动物种类不同而略有差异，在反刍动物中，肝 TG 的合成率与其他动物相近，但以 VLDL 形式分泌入血液的效率就很低，这就使 TG 蓄积形成脂肪肝。肝在脂蛋白代谢中居中心地位，是各种脂蛋白与载脂蛋白合成和降解的主要场所，因此脂肪肝与脂蛋白、载脂蛋白合成及代谢紊乱有关。载脂蛋白 C 族主要分布于血浆 HDL、VLDL 及乳糜微粒（chylomicron emulsion，CM）中，其中APOC Ⅱ及 APOC Ⅲ在 VLDL 及 CM 的分解代谢中起重要作用。APOCⅡ为含 79 个氨基酸残基的单链多肽，分子质量为 9.1ku。它是 CM、VLDL 和 HDL 的结构蛋白之一，分别占其蛋白成分的 14%、7%～10%及 1%～3%。在 APOC Ⅱ合成过程中，101 个氨基酸残基首先形成，其中 22 个氨基酸构成信号肽，前 APOC Ⅱ除去信号肽后则转变为成熟 APOC Ⅱ。对 APOC Ⅱ的氨基酸序列进行 Chuo-Fasman 分析发现 APOC Ⅱ的第 13～22、第 29～40、第 43～52、第 61～74 位氨基酸残基为双性 α-螺旋结构，具有与脂质结合的功能；第 9～12、第 23～26、第 53～56 位氨基酸残基为 β 转角结构。对 APOC Ⅱ 溴化氰水解片段或合成片段进行研究发现，APOC Ⅱ 激活 LPL 的肽段为羧基端第 56～79 位氨基酸残基，其激活作用可被具有结合磷脂活性的第 44～55 位氨基酸残基段加强。切除 APOC Ⅱ 羧基末端 3 个氨基酸残基，APOC Ⅱ激活 LPL 的活性完全丧失。APOC Ⅱ主要的生理学功能为：①APOC Ⅱ促进 CM 和 VLDL 的降解。LPL 是 CM 和 VLDL 水解的关键酶，APOC Ⅱ 是 LPL 不可缺少的激活剂。APOC Ⅱ缺乏时，LPL 活性极低；APOC Ⅱ 存在时，LPL 活性可提高10～50倍。②APOCⅡ抑制肝对CM和VLDL的摄取。③在体外试验中发现，APOCⅡ还可抑制HL活性，抑制程度与APOCⅡ浓度呈线性关系。由于HL可催化经LPL作用后的脂蛋白残粒中TG水解，因此APOCⅡ也可能参与血浆中脂蛋白残粒的清除过程。④APOCⅡ也能激活卵磷脂胆固醇脂酰转移酶，但其作用较弱。APOCⅢ为79个氨基酸残基组成的单链多肽，分子质量约为8.8ku。它也是CM、VLDL和HDL的结构蛋白之一，分别占其蛋白成分的36%、40%、2%。APOCⅢ主要在肝细胞内合成，前APOCⅢ中先合成20个氨基酸残基作为前导肽段，当这些前导肽段被切去，然后在高尔基复合体中与糖链结合后转变为成熟的APOCⅢ。APOCⅢ的第40～79位氨基酸残基片段为α-螺旋结构，是结合脂质的主要区域；第48～79位氨基酸残基是与LPL结合部位。APOCⅢ主要的生理功能是抑制脂蛋白脂酶LPL的活性与肝脂酶HL的活性。APOCⅢ抑制LPL活性机制可能是：①APOCⅢ吸附在LPL的底物上，阻碍LPL与其底物结合。②APOCⅢ竞争性抑制APOC与肝APOC受体结合，因而阻碍肝对CM和VLDL的摄取。APOCⅢ抑制肝脂酶HL的活性，从而抑制VLDL的转化和进一步代谢。总之，APOCⅢ可以抑制CM和VLDL的脂解、转换及清除，使HDL部分分解代谢率降低。由于APOCⅢ能竞争性地与肝细胞膜受体结合，抑制肝对HDL的摄取，所以HDL中的APOCⅢ含量增加，可使肝对HDL的清除减慢；反之，HDL中APOCⅢ含量减少则可造成HDL的清除加快。APOCⅢ升高抑制了LPL与HL的活性引起CM和富含TG的VLDL的水解受到抑制，但其中确切机制还未完全明了。总的来说，LPL与HL是清除富含TG的脂蛋白、CM和VLDL的重要组织酶。APOCII是LPL的激活剂，APOCⅢ是抑制剂。

4. NEFA浓度的急剧上升

奶牛肝合成TG的原料——脂肪酸来自血液循环中的NEFA。

因此，肝 TG 合成量及速度取决于血液循环中因脂肪动员产生的 NEFA 的浓度及速度。成年奶牛进入围产期后由于各种因素的影响，DMI 下降，能量需求得不到满足而处于 NEB 状态。为了弥补这种能量亏欠，奶牛动员大量脂肪组织导致血液循环中 NEFA 的浓度急剧升高，哺乳动物的肝是合成 TG 最活跃的组织，因此大部分 NEFA 被肝吸收。但是肝不是 TG 的储存场所，被肝吸收的 NEFA 可在线粒体和过氧化物酶体被 β-氧化供能或重新合成 TG，因此正常情况下肝中含有一定浓度的 TG，并且肝合成 TG 的速度与其输出 TG 的速度相当。奶牛特别是处于围产期的奶牛，其肝 NEFA 氧化或 TG 以 VLDL 的形式输出的能力很有限，这就极易使脂肪酸以 TG 的形式在肝中过量蓄积从而形成脂肪肝。

三、危害

脂肪肝不仅可造成肝功能下降，影响奶牛的生产性能和繁殖性能，而且还会提高其他疾病，如酮病、皱胃变位、产乳热的发病率，从而给奶牛养殖业造成巨大的经济损失。一方面，甘油三酯在肝内大量蓄积，直接导致肝细胞的坏死，从而严重影响病牛肝的合成能力，降低肝对相关复合物免疫应答的能力，改变肝对激素、产物，以及其他化合物的代谢，降低奶牛免疫功能及血液中脂蛋白的浓度，从而降低奶牛抵抗内毒素的能力。这就意味着，由于脂肪肝，奶牛机体处在易于受到致病因素攻击的状态。另一方面，由于围产期是奶牛生产周期中极其关键而又特殊的时期，伴随着脂肪肝的发生，其他常见的围产期疾病也会发生，这就造成了进一步的危害。脂肪肝奶牛的免疫系统、生殖系统均遭到不同程度的破坏，特别是胸腺、淋巴系统，这就使奶牛处在免疫抑制状态，从而使得致病因子，如肿瘤坏死因子等浓度升高，提高了奶牛的患病概率。同时，子宫免疫应答时间及强度相应延迟与降低，使得子宫内膜炎发病概率提高、病情加重，进而使得子宫复旧延迟，从而影响奶牛生育。脂肪肝也会造成类固醇激素（孕酮、黄体生成素等）分泌延缓或分泌量降低，使得卵巢活动起始期延迟、卵泡发育变慢、卵细胞生成受阻，进而推迟奶牛的生育时间。

四、诊断

奶牛脂肪肝诊断可以从群体状态诊断和个体诊断两方面着手。患有脂肪肝的奶牛群体常常呈现干奶期过度肥胖，产犊后母牛迅速消瘦，体重减轻，主要症状出现于围产期。个体诊断主要从发病史、临床特征表现和肝机能检查着手，特别是以下检查项目经常用于脂肪肝的诊断。

1. 奶牛肝组织学检查

奶牛肝样品进行冰冻切片，用油红 O 染色液进行染色，取 2 张切片于 100 倍显微镜下观察 6 个视野，对每个视野中的脂肪滴进行记录计算平均值。正常奶牛平均值应在 30 个以下，如超过 30 以上则可判定为脂肪肝。同样，苏木精-伊红染色后镜检也可用于脂肪肝的诊断。

2. 血液生化指标检测

为了避免活体采样方法确定脂肪肝的弊端，采用常规采血、测定分析血液中的生化指标来对脂肪肝进行预测或诊断。此法主要通过测定空腹奶牛血液中葡萄糖、GOT 和 NFFA 浓度来预测奶牛脂肪肝及其严重程度，其公式为 $Y=-0.51-0.003NEFA+2.84GLU-0.528AST$。当 $Y<0$ 时为重度脂肪肝；当 $0<Y<1$ 时为中度脂肪肝；当 $Y>1$ 时为正常。此外，APOA Ⅰ和 APOB 在血液中的浓度在一定程度上可以作为预测脂肪肝的指标。血清中 NEFA 和 IGF-Ⅰ的浓度可以作为预测脂肪肝的指标。干奶期指示甲状腺机能减退的指标可以预测产后脂肪肝。血液中鸟氨酸氨甲酰基转移酶和谷氨酸脱氢酶活性以及 NEFA 与胆固醇比例在一定条件下可预测脂肪肝。患脂肪肝奶牛的白细胞总数、红细胞总数、血红蛋白含量、红细胞比容均比干奶前期和干奶后期奶牛的低，分叶核中性粒细胞的百分比升高；而淋巴细胞的百分比降低。综上所述，预测脂肪肝极其严重程度的公式是基于血液指标的一个综合性量化指标，且操作简单、省时、省力、成本也较低，虽然其准确性不如活体采样方法，但适合进行大规模诊断。

3. 肝穿刺

奶牛脂肪肝最直接、最准确的诊断方法就是通过肝穿刺的方法进行活体采集肝样本，然后测定样本中的 TG 含量。肝穿刺具体方法是将奶牛站立保定，在右侧倒数第 2 肋间与髋结节水平线剪毛、碘酊消毒、乙醇脱碘处理，在皮肤上用消毒处理的手术刀片切一 2cm 长的切口，用专用肝穿刺针对准左前肢肘头方向穿刺采样。患有脂肪肝的肝组织呈黄色脂肪浸润样变化。但肝穿刺方法的局限性很明显。一是肝穿刺具有一定的技术含量，没有经过一定培训的人员很难掌握，因此该法在实际操作中比较困难；二是由于是活体采样，对奶牛的应激非常大，影响其产奶量或生产性能；三是由于操作不慎或护理不当，可能会导致奶牛穿刺部位出血、感染，甚至造成死亡。因此，通过肝穿刺进行活体采样非常不适合用于生产中进行大规模脂肪肝诊断。

4. 超声诊断

对患有脂肪肝的肝进行超声诊断时，可在超声声像图上看见肝实质内有弥漫性、细密而回声高的斑点，有人把这称为“亮肝”。同时，随着病情加重，肝静脉分支以及门静脉分支均有变细变窄现象、不能够清晰显示，肝深部回声衰减较严重。但由于奶牛的体壁脂肪较厚，回声衰减较严重，单纯的肝检测可靠性不高，且难以量化，需要对奶牛肝、肾、脾进行回声水平检测。一般健康牛的肝与肾、脾具有大体相同的回声水平，肝回声略强于肾、脾，而当奶牛患有脂肪肝时，其肝的回声要远远高于肾、脾。因此，可通过对比肝、脾和肾三者回声水平来判断肝回声是否正常。脂肪肝的超声特征见表5-1。

表5-1 脂肪肝的超声特征

脂肪肝情况	超声诊断描述	血管结构情况
轻度脂肪肝	光点细密，近场回声增强、远场回声轻度衰减	清晰
中度脂肪肝	光点细密，前场回声增强，远场回声明显衰减	不清晰
重度脂肪肝	光点细密，前场回声显著增强，远场回声衰减极其明显	不能辨认

5. 蛋白质组学方法

蛋白质组学的研究是生命科学进入后基因时代的特征。蛋白质组学的研究不仅能给生命活动规律提供物质基础，而且还能为多种疾病机理的阐明及攻克提供理论支撑和解决途径。通过比较分析正常个体及病理个体间的蛋白质组分，就可以找到某些“疾病的特异性蛋白质分子”，它们可为疾病的早期诊断提供分子标志或者成为新药物设计的分子靶点。成纤维细胞生长因子-21（fibroblast growth factor-21，FGF-21）含量与脂肪肝密切相关。FGF-21含量与肝内TG水平成正比，FGF-21与体重指数高度相关，说明FGF-21在肝脂类代谢中具有关键的调节作用，可以作为脂肪肝诊断的生物标记物。

6. 尸体剖检

因脂肪肝病死的奶牛，剖检时可见心脏、肝、肾有弥漫性的脂肪浸润。

五、综合防控

脂肪肝预防和治疗主要从以下3个方面考虑：通过减少脂肪组织中的甘油三酯来降低血浆NEFA；增加NEFA在肝中的完全氧

化；提高甘油三酯以 VLDL 形式从肝运出的速率。

1. 丙酸和甘油

口服丙酸铵和丙酸钙，并在围产期日粮给予 1kg/d 甘油，能降低血浆中 BHBA 和 NEFA 的浓度。丙二醇有可能引起胰岛素反应并减少脂肪组织的脂肪酸动员，产前 10d 至分娩当天，每天口服 1 次丙二醇，1L，可提高血浆中葡萄糖和胰岛素浓度，可降低产后总肝脂质和血浆 NEFA 浓度。同样，从产前 7d 到产后 7d 每天饲喂 1 次丙二醇，400mL，能在产后 2～4 周降低肝甘油三酯。

2. 烟酸和铬

饲料中添加烟酸可减少酮病奶牛血酮含量，而产前或产后每天补充 6～12g 烟酸并不会减少围产期奶牛肝中甘油三酯。奶牛在产犊前 30d 采食大剂量烟酸（45g/d）可降低产犊时奶牛血浆中 65％的 NEFA，因为 95％的膳食烟酸在瘤胃中降解。高剂量烟酸或适度剂量瘤胃保护性烟酸可能会控制血浆 NEFA 和肝甘油三酯浓度升高。但是如果产犊当天或临近产犊时奶牛的采食量显著减少，补充烟酸则会加剧血浆中 NEFA 浓度升高和脂肪肝。铬是动物必需的营养素，其作用是作为葡萄糖耐受因子的活性组成成分三价铬离子（Cr^{3+}）通过葡萄糖耐受因子协同增强胰岛素在体内的作用。铬能提高产前和产后母牛干物质采食量，同时降低产前血浆 NEFA 浓度，而肝甘油三酯不变，也能降低初产母牛血浆 NEFA 浓度和 β-羟基丁酸含量。

3. 共轭亚油酸

围产期奶牛采食低剂量共轭亚油酸并不会降低血液中 NEFA 的浓度或减少肝中甘油三酯的含量，而采食较高剂量的共轭亚油酸日粮则能促进乳腺脂质合成，但未检测到肝甘油三酯含量发生变化。富硒新型添加剂能显著降低肝组织中甘油三酯的含量，有效维护肝功能，减少肝损伤，在一定程度上可提高围产期奶牛的产奶量，显著提高奶牛肝组织抗氧化能力。

4. 胆碱和甲硫氨酸

胆碱和甲硫氨酸均可作为生化反应的甲基供体，二者可以相互转化。胆碱是合成磷脂酰胆碱的底物，而磷脂酰胆碱是 VLDL 的组分；甲硫氨酸是合成蛋白质所需的氨基酸。脂蛋白合成和分泌的化合物缺乏可以引起奶牛脂肪肝。以瘤胃保护性胆碱的形式提供胆碱可通过增加肝 VLDL 的输出而潜在地改善肝功能。瘤胃保护性胆碱增加了 VLDL 合成和分泌所需的 MTTP 和 APOB100 的基因表达。采食瘤胃保护性胆碱可显著减少奶牛肝脂肪和增加产奶量。添加过瘤胃胆碱可以延缓血糖浓度下降，显著降低奶牛血浆 BHBA 和 NEFA 的浓度，有效降低围产期奶牛肝脂肪和甘油三酯的含量。瘤胃保护性甲硫氨酸能增加肝 PPARα 表达，进一步增加 PC、MTTP 和 PEPCK 的表达，从而增加肝脂肪氧化和脂蛋白组装。

5. 过瘤胃淀粉

瘤胃中的微生物可降解日粮中淀粉产生大量丙酸，迅速降低瘤胃 pH，进而影响瘤胃中纤维的消化和奶牛采食量，但在日粮中添加过瘤胃淀粉可以避免以上现象发生。过瘤胃淀粉分解后不仅能提供大量外源性葡萄糖，而且还能减少糖异生过程中的能量损失，减少生糖氨基酸和甘油消耗，改善蛋白质和脂肪动员，有效缓解脂肪肝。

6. 胰高血糖素

胰高血糖素可通过提高血糖水平增加胰岛素分泌，胰岛素则能抑制脂肪动员，降低酮体生成和肝脂沉积。胰高血糖素可通过调控葡萄糖分解和糖异生作用改善糖类的代谢而维持血糖浓度。同时，胰高血糖素能加速脂肪分解，促进脂肪组织中脂肪酸的利用，减少肝脂沉积。

7. 基因疗法

奶牛某些基因发生突变可能会导致奶牛采食量降低，阻碍体内脂肪代谢引发脂肪肝。患脂肪肝的奶牛较正常奶牛具有显著低下的血清载脂蛋白水平，其中 APOB 明显与肝中 TG 的含量呈负相关。奶牛泌乳期 APOB 的 mRNA 丰度比其他时期都要少。可以考虑通过现代生物技术对奶牛 APOB 的基因进行改造从而预防脂肪肝。

第三节 皱胃移位

皱胃位于奶牛腹部和网胃右侧底部，上连瓣胃，下接十二指肠。奶牛皱胃移位是指皱胃因一些因素而改变了其正常解剖学位置而引起消化机能障碍的围产期奶牛的一种常见代谢性疾病。奶牛皱胃移位常在分娩后数日或 1～2 周发病。根据移位后皱胃的位置，可分为左侧皱胃移位（left displaced abomasum，LDA）和右侧皱胃移位（right displaced abomasum，RDA）。皱胃移位的发生率为 3.3%。从产犊前 3 周到分娩后 4 周是奶牛发生皱胃移位的主要危险期，大约 85%的皱胃移位为左侧皱胃移位。发生皱胃移位的奶牛表现为精神沉郁、食欲不振或废绝、泌乳量急剧下降。由于能量代谢负平衡，体重迅速减轻，形体明显消瘦，并出现继发性酮病。皱胃移位奶牛的体温、脉搏、呼吸多在正常范围内，主要表现消化障碍，临床上大多数为左侧皱胃移位，特征为慢性消化紊乱。其表现形式是病牛反刍稀少、延迟、无力或停止。

一、发生条件

非妊娠奶牛的皱胃位于腹部，很接近腹部中线，幽门延伸到奶牛尾部右侧。随着妊娠的进展，生长子宫在腹腔占据的空间越来越大。在妊娠后期，子宫滑向瘤胃尾部下面，减少瘤胃容积的 1/3，这也迫使皱胃前移，稍微移向奶牛的左侧，尽管幽门部仍然从腹部延伸向奶牛的右侧。随着分娩的临近，奶牛胚胎体积逐渐达到最大，子宫扩张挤压皱胃，导致皱胃的解剖学位置改变。当分娩发生时，母牛内分泌发生显著改变，干物质采食量下降明显，奶牛遭受极为严重的分娩及其他应激，消化道部分机能紊乱甚至弛缓；产犊后，母牛子宫快速回撤到骨盆的入口部，而移位的皱胃往往因为弛缓而不能及时复原，仍旧被前胃挤压，诱发 LDA。

在皱胃左移期间，皱胃幽门端完全从瘤胃下面滑到奶牛的左侧，皱胃移向奶牛左侧有 3 个前提：第一，瘤胃没有占据子宫收缩后留下的空位，如果瘤胃移向正常位置（左腹底部），皱胃将不能从瘤胃下面滑过。第二，附着于皱胃的网膜必须足够伸展，以便皱胃移向左侧。这 2 个因素为移位提供了机会。造成皱胃移位的第 3 个条件是皱胃弛缓。正常情况下，皱胃产生的气体（来自瘤胃的碳酸盐与 HCl 反应产生的 CO_2）通过皱胃收缩排回瘤胃。奶牛发生皱胃移位时，这种收缩受到阻碍。皱胃弛缓的原因目前还不清楚。

二、发病原因

分娩前后奶牛血浆营养水平的下降使皱胃收缩力呈线性降低，研究者怀疑这是导致皱胃弛缓和皱胃臌胀的原因。与血浆正常水平相比，当血浆钙浓度为 5mg/dL 时，皱胃的运动性下降 70%，收缩力下降 50%；当血浆钙浓度为 7.5mg/dL 时，皱胃的运动性和收缩力分别下降 30%和 25%。通常，血浆钙浓度低于 4mg/dL 时才会观察到产乳热的临床症状。在最近一份有关分娩前后荷斯坦牛和娟姗牛血浆钙浓度的研究中，在产犊后有 10%～50%的奶牛处于亚临床的低钙血症状态（血浆钙浓度＜7.5mg/dL），最长达 10d，具体情况取决于奶牛场针对产乳热采取的措施。

高产奶牛及高胎次奶牛在泌乳的上升期和高产稳定期时需要摄取较多的精饲料来维持所需营养。当奶牛摄入大量高精饲料日粮的同时粗饲料的摄入量就会减少，瘤胃中就会产生大量挥发性脂肪酸和不饱和脂肪酸，就会对皱胃的运动产生明显的抑制作用，导致奶牛皱胃弛缓，最后由于分娩、体位突变等因素形成皱胃移位。而奶牛的一些营养代谢障碍性疾病和感染性疾病，如酮病、产乳热、子宫内膜炎、乳腺炎、低钙血症、难产和胎衣不下等，也会引起前胃弛缓以及皱胃弛缓，致使胃内大量内容物发酵，产酸产气，造成皱胃变位发病率升高。奶牛产犊后的第1个月内是易发生皱胃变位的高危时期。这可能与血浆中孕酮的浓度有一定关系。奶牛产前孕酮浓度开始下降，至产后血清中孕酮浓度突然降至极低的水平，从而导致醛固酮的作用加强，造成了高钠低钾血症的出现。围产期奶牛，患低钙血症奶牛的皱胃变位发病率是正常奶牛的4.8倍。奶牛酮病及亚临床型酮病与皱胃变位的发生有密切的关系。

奶牛发生左侧皱胃移位时血浆中乳酸脱氢酶（lactate dehydrogenase，LDH）和γ-谷氨酰转移酶（γ-glutamyltransferase，γ-GGT）浓度都显著升高，说明肝组织受损。当肝受损，肝功能下降时，其储备能力也随之下降，表现在血液中白蛋白含量明显下降。牛发生左侧皱胃移位时肝储存能力下降，或许是摄食量减少，蛋白代谢受到影响所致。尿素氮是蛋白质代谢的主要终末产物，是肾功能的主要指标之一。当肾小球滤过率降至正常的50%以下时，血尿素氮的浓度会迅速升高。蛋白质分解增加、脱水所致的肾小球滤过机能减退，以及日粮中氨基酸成分等因素造成奶牛发生左侧皱胃移位时血尿素氮的浓度显著增加。皱胃移位现已被纳入生产疾病范畴。近年来，皱胃移位的发病率有明显上升的趋势，主要是饲养管理不当、饲料营养不均衡、运动不足等原因造成的。

三、危害

皱胃移位奶牛采食欲望低，甚至不采食，表现为精神不振、反应迟顿、表情冷淡、体况下降等，产奶量和乳品质均显著下降，如不及时采取治疗措施，会有生命危险，目前最有效的措施是手术疗法。

四、综合防控

在妊娠后期和泌乳早期降低日粮的粗精比会提高皱胃移位的发生率。皱胃中的挥发性脂肪酸（VFA）抑制皱胃的收缩性，但是瘤胃中的VFA浓度与皱胃中的VFA浓度之间不存在高度相关性。高谷物、低饲草日粮能够通过降低瘤胃草垫（主要由饲草的长纤维组成）深度提高皱胃的VFA浓度。通过青贮前过度切碎饲草或使用铡刀等物理方法降低饲草颗粒的长度。瘤胃饲草能网住谷物颗粒，使它们在瘤胃液的上层发酵。此时，瘤胃产生的VFA通常在瘤胃被吸收，进入皱胃的很少。当瘤胃中饲草的量不够时，谷物颗粒就会沉入瘤胃和网胃的腹侧进行发酵或流入皱胃后进行一定程度的发酵。瘤胃腹侧发酵产生的VFA可以在被瘤胃吸收以前通过网瓣胃孔进入皱胃。与泌乳后期高消化率的瘤胃黏膜相比，泌乳早期的瘤胃乳头发育不完全导致瘤胃腹侧产生的VFA更多地从瘤胃逃逸。干奶期体况评分较高的奶牛发生左侧皱胃移位的危险更大，因为分娩前后奶牛的干物质采食量很低。有效纤维的数量决定瘤胃乳头的均匀性和长度，刺激瘤胃收缩。易于被奶牛挑选采食的全混合日粮可能会影响奶牛个体摄入饲料的粗精比例，引起皱胃移位。不饲喂全混合日粮时，产犊后的谷物采食量应该缓慢增加（0.2～0.25kg/d），直到谷物采食量达到最高水平。每天的谷物至少应该分3次喂给奶牛。

第四节　瘤胃酸中毒

泌乳期和干奶前期奶牛干物质采食量可达20～25kg/d，而分娩前后几天下降为10～12kg/d，营养物质摄入明显不足，能量、蛋白质和其他营养素的负平衡严重，代谢性疾病频发。为应对这种状况，通过提高日粮营养浓度即提高谷物类饲料比例增加奶牛营养摄入，但可能造成以下负面影响：奶牛产前高能饲喂不利于产后采食量的恢复，对奶牛下一个泌乳周期的生产性能和机体健康不利；围产期奶牛瘤胃机能相对偏弱，短链脂肪酸（short chain fatty acids，SCFA）吸收能力有所下降，对低 pH 也更敏感。若大量增加快速可发酵糖类（主要是淀粉），而不考虑日粮物理有效中性洗涤纤维（physically effective neutral detergent fiber，peNDF）含量，造成 SCFA 大量积累，诱发亚急性瘤胃酸中毒（subacute rumen acidosis，SARA），甚至急性酸中毒（acute rumen acidosis，ARA），严重影响奶牛健康或使用年限。

一、发病原因

谷物发酵产生的酸通常使瘤胃 pH 略低于 7.0。下降的程度取决于酸产生的速度和总量、酸透过瘤胃壁进入其他组织的能力和唾液的分泌量。高粗饲料日粮产酸的速度较慢，并且由于刺激咀嚼而促使大量唾液释放出来。在饲喂饲草日粮时，瘤胃 pH 较高。瘤胃酸中毒伴随饲喂大量谷物日粮并且通常在泌乳的第 1 个月发生。与泌乳早期相比，干奶早期奶牛采食高粗饲料日粮，能量浓度较低，NDF 含量较高。这主要从 2 个方面影响瘤胃发酵功能，由于日粮易发酵淀粉量减少，微生物菌群由以前的乳酸产生菌为主开始发生转移，因此也减少了那些能够将乳酸转化为乙酸、丙酸或长链脂肪酸的细菌。干奶早期的低能日粮产生的另外一个影响是瘤胃乳头长度缩短和瘤胃黏膜吸收 VFA 的能力减弱，在干奶期的头 7 周，瘤胃吸收面积减少了大约 50%。如果围产期奶牛突然转为采食高能泌乳日粮，就会面临着发生酸中毒的危险，因为乳酸产生菌对高淀粉日粮反应很迅速，会产生大量的乳酸。而乳酸转化菌对日粮改变反应较慢，需要 3～4 周才能达到阻止乳酸在瘤胃内积累的水平。乳酸的酸性（pKa＝3.86）比丙酸（pKa＝4.87）、乙酸（pKa＝

4.76）、丁酸（pKa=4.82）更强，因此乳酸对瘤胃 pH 影响更大，尤其是瘤胃 pH 低于 6.0 时。而且乳酸和其他 VFA 只有在处于非解离状态时才能被瘤胃上皮吸收。随着瘤胃 pH 的下降，更多的 VFA 处于未离解状态。由于乳酸的 pKa 低于 VFA，它在瘤胃的吸收要慢于乙酸、丙酸和丁酸。

正常情况下，瘤胃中仅产生少量乳酸，全部为 *L*-乳酸。早期关于“谷物过量”综合征病因的假说过多地强调在谷物采食过多的情况下，乳酸菌大量产生 *D*-乳酸。这个理论还包括 *D*-乳酸不能像 *L*-乳酸那样在瘤胃被吸收，而且一旦被吸收，体组织代谢的速度就会变慢。但是实际上 *D*-乳酸在瘤胃吸收和被组织代谢的速度与 *L*-乳酸一样快。许多关于瘤胃酸中毒病因学的研究都用育肥去势牛作为模型。在这个模型中乳酸的产生是瘤胃酸中毒形成的一个重要方面。但是最近利用奶牛开展的研究显示，在泌乳早期和泌乳中期，瘤胃酸中毒与瘤胃总 VFA 产生量和瘤胃 VFA 积累的相关性更强。瘤胃高浓度的乳酸可能不是造成奶牛瘤胃酸中毒的主要原因，这一点与育肥牛不同。乳酸、内毒素和瘤胃微生物死亡后释放的组胺被系统地吸收，影响生长蹄壁的微静脉循环，导致临床蹄叶炎的发生。如果吸收血液的有机酸数量超过肝和其他组织代谢这些酸的能力，代谢性酸中毒随着瘤胃酸中毒的发生而发生。

二、发病机理

反刍动物摄入的饲料在瘤胃发酵产生大量挥发性脂肪酸，因瘤胃具有一定的自我缓冲调节能力所以可以维持瘤胃内环境的稳定。防止瘤胃酸化主要是通过瘤胃吸收、唾液中和及瘤胃排出 3 个途径。反刍动物咀嚼时分泌的唾液中含有大量碳酸盐和磷酸盐，是抑制瘤胃酸化的有效缓冲剂。瘤胃内约 30%的氨离子被唾液中和，约 15%的氨离子随食糜后移流入其他消化器官，一半以上的氨离子随瘤胃上皮吸收挥发性脂肪酸而进入细胞或被上皮细胞分泌的缓冲物质中和而消除。瘤胃酸中毒最典型的特征是瘤胃 pH 的降低，也就是酸碱失衡。影响瘤胃酸碱平衡的因素如图 5-1 所示。

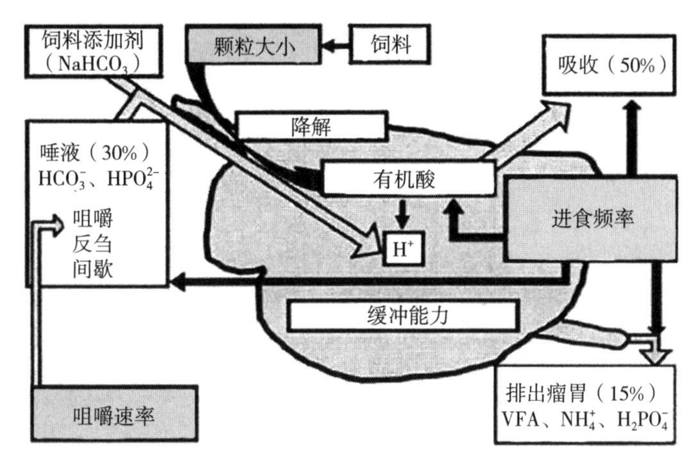

图 5-1 影响瘤胃酸碱平衡的因素
（Gonzdlez 等，2012）

1. 瘤胃有机酸的产生

尽管亚急性酸中毒和急性酸中毒都是由大量采食高精饲料日粮所引起的，但其发病机制不同。瘤胃酸中毒的发病机制及其相互关系见图 5-2。目前，国内外学者比较倾向于亚急性瘤胃酸中毒不是由乳酸积累所致，而是由 VFA 蓄积引起的。高精饲料日粮含有大量淀粉、蔗糖、乳糖、果糖或葡萄糖等，易于被瘤胃微生物利用或分解。反刍动物采食高精饲料后，瘤胃液中的细胞外微生物酶将糖类消化生成单糖，并在微生物作用下转变为丙酮酸。丙酮酸可通过不同的代谢途径生成不同的挥发性脂肪酸：可通过乙酰辅酶 A 或乙酰磷酸途径生成乙酸；通过草酰乙酸或丙烯酸途径生成丙酸；通过丙二酰辅酶 A 途径或乙酸转化途径生成丁酸。瘤胃乙酸、丙酸和丁酸的产量之和约为总 VFA 的 95%，是瘤胃具有重要生理功能的 VFA。亚急性瘤胃酸中毒的发生与瘤胃 VFA 积累有关，且瘤胃 pH 变化与瘤胃 VFA 变化呈现负相关：饲喂 48h 时瘤胃 VFA 浓度

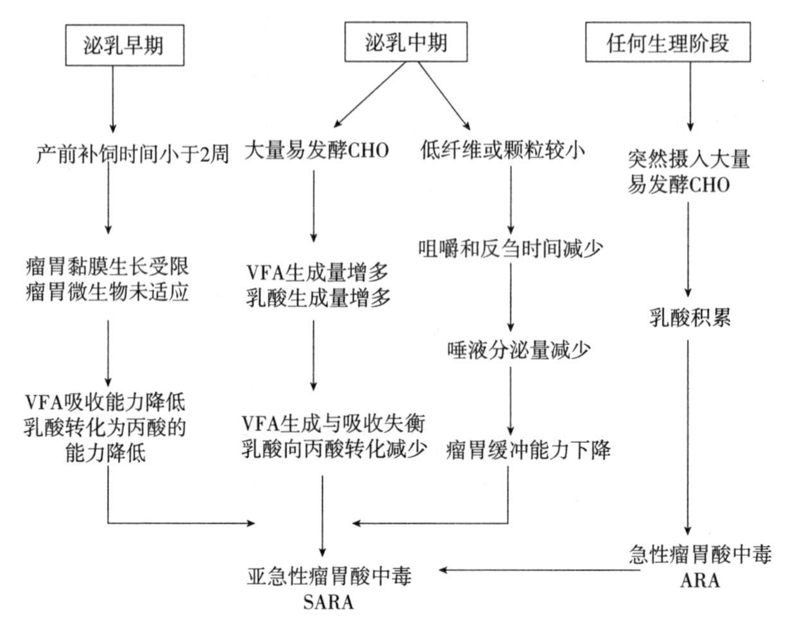

图 5-2 反刍动物瘤胃酸中毒的发生机制及其相互关系
（Enemark 等，2002）

最高，而瘤胃 pH 达到最低值。亚急性瘤胃酸中毒发生过程中，丙烯酸辅酶 A 可将产生的乳酸迅速还原为毒性较小的丙酸，避免乳酸在瘤胃中积累。瘤胃酸中毒的发生原因主要是乳酸产生菌快速生长繁殖进而生成大量乳酸，同时乳酸利用菌的生长受到抑制，两者间数量失衡，乳酸利用代谢率下降，而导致其在瘤胃内蓄积。

2. 唾液分泌

反刍动物采食高精饲料后短期内瘤胃 VFA 大量蓄积，这些有机酸释放的质子会引起 pH 降低，但瘤胃 pH 的降低幅度取决于唾液和瘤胃液的缓冲能力。动物的咀嚼、反刍时间和进食速度都会影响其唾液的分泌。进食速度受饲料中牧草比例、饲料颗粒大小、水分含量等因素的影响。饲料中高比例的物理纤维可有效刺激动物咀嚼行为，分泌唾液。若反刍动物采食的粗饲料需要长时间咀嚼和反刍，饲料停留于瘤胃的时间较长，唾液分泌量较多；而采食颗粒较小的饲料，动物咀嚼、反刍、饲料停留于瘤胃的时间均变短，因而唾液分泌量较少。因此，高精饲料日粮条件下，反刍动物的唾液分泌量会减少，可能不利于瘤胃内酸碱平衡的维持。

3. 瘤胃上皮细胞对 VFA 的吸收转运及调节机制

因瘤胃上皮细胞吸收 VFA 时伴随着氢离子的转运，且瘤胃内一半以上的氢离子通过瘤胃上皮细胞吸收 VFA 或被上皮细胞分泌的缓冲物质中和而消除。瘤胃上皮细胞吸收 VFA 在维持瘤胃酸碱平衡过程中有重要调节作用。

瘤胃上皮细胞吸收、转运和代谢 VFA 的过程非常复杂。瘤胃内同时存在质子化（HSCFA）和离子化（$SCFA^-$）2 种形式的 VFA。瘤胃上皮细胞吸收 SCFA 主要有 2 种机制：一是通过转运蛋白与 HCO_3^- 交换阴离子（$SCFA^-$）进行易化扩散；二是通过自由扩散。乙酸、丙酸和丁酸都可通过 $SCFA^-/HCO_3^-$ 交换蛋白进行 1∶1转运，每从瘤胃内吸收 1 个 HCO_3^- 便向瘤胃内释放 1 个 $SCFA^-$，但其转运效率依赖于瘤胃上皮细胞与瘤胃内 HCO_3^- 的浓度差。脂溶性 HSCFA（如丁酸）可直接透过亲脂性质膜进入细胞，并向细胞内释放质子。瘤胃上皮细胞通过自由扩散吸收 VFA 效率较高，在吸收速度方面，丁酸吸收速度最快，然后是丙酸，乙酸最慢。除了 $SCFA^-/HCO_3^-$ 易化扩散和自由扩散这 2 种方式，乙酸的转运还可由另一种转运蛋白介导，这种途径不依赖于 HCO_3^-，但其活性可被硝酸盐抑制，其转运 VFA 的机制尚不明确。瘤胃上皮细胞对乳酸的吸收率很低，可能由瘤胃上皮细胞顶膜处单羧酸转运蛋白 4（monocarboxylate transporter 4，MCT4）介导，可同时从瘤胃内吸收 1 个质子和 1 分子乳酸。一系列与瘤胃上皮细胞 pH 调节或 VFA 转运相关的蛋白被发现，主要包括 Na^+/H^+ 交换蛋白（Na^+/H^+ exchanger，NHE）、MCT、瘤胃下调蛋白、阴离子交换蛋白和 Na^+/HCO_3^+ 交换蛋白等。

瘤胃上皮吸收的乙酸，仅少量可在瘤胃上皮细胞内被转化为酮体，大部分被转运至肝，进行氧化供能或合成脂肪酸。丁酸的代谢主要发生在瘤胃上皮细胞内，代谢产物主要为β-羟丁酸（80%以上）、乙酰乙酸盐和丙酮。β-羟丁酸和细胞内质子可通过位于细胞基底部的MCT转运蛋白转运出细胞。被吸收的丙酸，仅少量可在瘤胃上皮细胞内转变为乳酸，大部分被转运至肝进行糖异生或进入三羧酸循环。

亚急性瘤胃酸中毒是奶牛采食高精饲料后，瘤胃内有机酸蓄积，缓冲能力未能同幅度增加（唾液分泌量减少、瘤胃壁吸收能力增强），而导致瘤胃pH骤降、微生物菌群紊乱，并引发瘤胃或机体系列连锁反应的一种代谢性疾病。然而，亚急性瘤胃酸中毒并不仅仅是简单的瘤胃pH降低问题，而是日粮类型和pH效应的共同作用结果。由于瘤胃pH随日粮类型变化而快速变化，因此瘤胃pH和日粮类型对瘤胃发酵的影响很难区分。体内研究很难实现饲喂高精饲料但保持其瘤胃pH较高或饲喂高粗饲料但保持其瘤胃pH较低，因此只能通过体外试验进行研究。高精饲料日粮条件下，乙酸、丙酸比值变化的25%归因于pH，而75%的变化则归因于日粮。亚急性瘤胃酸中毒引起的瘤胃变化（包括瘤胃发酵、微生物菌群等变化）是瘤胃pH和日粮效应的协同作用结果。因此，在研究亚急性瘤胃酸中毒相关问题时需全面考虑瘤胃pH和饲喂日粮效应。

三、危害

当围产期奶牛发生SARA时，机体氧化应激和炎症反应尤其严重，免疫功能显著下降，更易感乳腺炎、子宫内膜炎和蹄叶炎等疾病，并可能降低繁殖性能。SARA导致瘤胃LPS、组胺等异常代谢产物增加，不仅损伤胃肠道上皮屏障和功能，而且还可吸收入血，随血液循环到达各组织器官，造成器官损伤和功能异常。

四、诊断

瘤胃酸中毒的诊断依赖于瘤胃 pH 这一指标。瘤胃 pH 大幅降低是奶牛采食高精饲料日粮后瘤胃内最典型的特征。瘤胃 pH 的波动可综合反映瘤胃内环境和瘤胃功能的变化。然而，瘤胃酸中毒定义的标准在学术界尚无定论，pH 5.5、pH 5.2～5.6、pH 5.8、pH 6.0 都曾被用来判定瘤胃酸中毒。另外，瘤胃 pH 在昼夜间不断波动，不同时间的测定值也存在较大差异。随着对瘤胃酸中毒研究的深入，趋向于使用瘤胃 pH 持续低于某标准阈值的时间大于 180min 这一标准来判定奶牛是否已发生瘤胃酸中毒。这也意味着瘤胃 pH 测定的准确性对瘤胃酸中毒的判定至关重要。采集瘤胃不同部位瘤胃液的 pH 测定值也存在差异，为使样品具有代表性，通过瘤胃瘘管采集时常选取瘤胃腹囊部、瘤胃背侧部和瘤胃中部至少 3 个部位内容物，混合均匀后再测定其 pH。目前，常用瘤胃瘘管、瘤胃穿刺和瘤胃导管 3 种方法采集瘤胃液，但不同方法测定的 pH 差异较大。采用瘤胃导管口腔采集瘤胃液时易受唾液污染，测定的 pH 高于瘤胃瘘管方法。瘤胃穿刺技术采集的瘤胃液其 pH 与瘤胃瘘管采集的测定值最为接近，可用于诊断，但应注意预防瘤胃局部腺肿和腹膜炎的发生。瘤胃酸中毒的判定标准应根据瘤胃液采集方法的不同而进行适当调整。

五、综合防控

血液葡萄糖是奶牛最重要的能量来源，包括内源性葡萄糖和外源性葡萄糖。内源性葡萄糖主要源于瘤胃丙酸在肝的糖异生，约占总葡萄糖的 70%，其余 30%主要源于过瘤胃淀粉（rumen escape starch，RES）的小肠消化、吸收，一般称为外源性葡萄糖。瘤胃微生物蛋白（microbial crude protein，MCP）是小肠代谢蛋白（metabolic protein，MP）的重要来源，在典型奶牛日粮中，MCP占奶牛机体MP的50%以上。此外，瘤胃微生物还可以合成B族维生素，B族维生素是奶牛B族维生素的主要来源。因此，保障瘤胃健康和高效发酵对奶牛围产期至关重要。当日粮peNDF和过瘤胃淀粉配比适宜，营养均衡且饲养管理较好时，围产期奶牛瘤胃机能加强，酸的产生、吸收以及缓冲体系处于动态平衡，不会发生酸中毒。此时，瘤胃单羧酸转运载体（monocarboxylic acid transporter，MCT）表达丰度较高，大量SCFA被瘤胃壁吸收入血，丙酸主要进入肝异生为葡萄糖，乙酸则主要进入乳腺参与脂肪酸合成，维持乳脂；未在瘤胃降解的淀粉进入小肠，在胰腺α-淀粉酶和二糖酶（如麦芽糖酶）的作用下，分解为葡萄糖，在相关葡萄糖转运载体的协助下，吸收后供机体利用。因此，平衡供应围产期奶牛能量和其他营养，可减少体脂动员，降低血浆NEFA浓度，改善奶牛机体健康，并提高泌乳和繁殖性能。

1. 直接饲喂微生物

当奶牛短期内采食大量可发酵糖类后，瘤胃内生成大量乳酸，而乳酸利用菌可将乳酸转化为危害较小的VFA。调控乳酸产生菌与利用菌之间的关系，是平衡瘤胃内环境的一个重要方面。因此，向瘤胃内添加乳酸利用菌，能够降低奶牛瘤胃酸中毒风险。高精饲料条件下，瘤胃内灌注微生物可降低瘤胃乙酸丙酸比，改变瘤胃发酵模式，抑制乳酸积累，稳定瘤胃pH，有效预防酸中毒的发生。添加埃氏巨球形菌（*M. elsdenii*）还能增加奶牛瘤胃丙酸含量，维持泌乳早期奶牛能量平衡，增加产奶量。酿酒酵母（*S. cerevisiae*）主要是通过刺激瘤胃纤维降解菌和乳酸利用菌，如埃氏巨球形菌和反刍链球菌（*S. ruminantium*），促进纤维物质的消化，增加瘤胃微生物蛋白而发挥作用。由于酿酒酵母可间接调控瘤胃pH，因此被认为具有预防酸中毒的潜力。综上所述，直接饲喂奶牛这类微生物增加乳酸利用或减少乳酸生成，预防和缓解 SARA 的效果尚不稳定，但前景广阔，仍需较为深入的研究和验证。

2. 增加过瘤胃淀粉含量

奶牛摄入高精饲料日粮诱发 SARA 的根本原因是大量可降解淀粉在瘤胃内快速发酵。乳酸是一种有机弱酸，具有防腐保鲜，改善食品质量等作用，稳定且安全性高，广泛应用于食品工业。将谷实类饲料浸泡于乳酸溶液（10g/L），55℃加热，再与全混合日粮混匀后饲喂奶牛。谷实类饲料经过乳酸处理后，其淀粉结构发生改变，抗性淀粉含量增加，谷实类饲料在瘤胃内的降解速度降低，而到达小肠的过瘤胃淀粉含量增加，因此能够有效降低瘤胃 VFA 浓度，预防 SARA。此外，乳酸处理还有助于提高奶牛乳脂率和产奶效率，降低牛奶中尿素氮含量。

第五节　蹄　叶　炎

一、发生

蹄叶炎是奶牛蹄壁真皮乳头层和血管层的弥漫性、无菌性、浆液性、非化脓性炎症。主要发生在蹄尖壁的真皮，而在蹄侧壁和蹄踵壁则很少发生。目前，奶牛蹄病是除了乳腺炎和子宫内膜炎以外，造成奶牛养殖业经济损失严重的第三大疾病。蹄叶炎带来的经济损失包括疾病治疗、奶牛体重下降、产奶量下降、繁殖性能下降和淘汰率增加。英国在 1992—1993 年发现 27%的生产性疾病是由跛足引起的，并且蹄叶炎占其中的主要部分；美国佛罗里达大学的研究证实，由于临床跛行造成的经济损失达 58 266 美元。我国奶牛蹄叶炎的发病率逐年升高，每年因蹄病淘汰的奶牛数量占奶牛总数的 15%～30%，造成的经济损失达 2 250 万元。2006 年，我国河南省某奶牛场春夏季蹄叶炎发病率达 18%。新疆石河子地区奶牛蹄叶炎平均发病率为9.12%～19.78%，淘汰率为8.1%～15.3%。蹄叶炎可造成牛奶损失1.5kg/d。早期诊断和适当的治疗可减少损失，改善预后，减少奶牛的痛苦。

奶牛蹄叶炎是由全身性代谢损伤引起的。在亚急性瘤胃酸中毒的情况下，全身pH降低，激活血管活性物质，增加蹄部血流。在这过程中，内毒素和组胺释放，造成血管收缩和舒张，导致蹄部的真皮血管微循环系统紊乱。蹄部微循环血压升高，血管壁损伤渗出，导致水肿出血，最终形成血栓。一方面，由于蹄部血管微循环系统紊乱，导致蹄部局部组织缺氧，上皮细胞得到较少的营养物质和氧气，致使表皮细胞异常分化。另一方面，在内分泌系统异常的情况下，细胞因子及基质金属蛋白酶释放增多，破坏薄膜组织结构，损伤蹄部的悬吊系统。最终，在机械性和代谢性共同作用下致使蹄叶炎发生。

二、发病原因

奶牛蹄叶炎的发病原因十分复杂，与内毒素、生物活性物质、环境与管理、内分泌和年龄与品种等因素有关，并且可继发于亚急性瘤胃酸中毒。

1. 奶牛蹄叶炎与亚急性瘤胃酸中毒的关系

蹄叶炎是一种营养代谢障碍性疾病，亚急性瘤胃酸中毒是主要的致病因素。虽然目前仍没有明确报道可以证明瘤胃酸中毒或酸碱平衡紊乱会直接影响蹄部的真皮组织，但是有大量文献显示乳酸对血管内皮有直接影响，包括增加通透性和损伤。在发生亚急性瘤胃酸中毒时会引起瘤胃内革兰氏阴性菌释放大量的内毒素，或者刺激瘤胃壁释放生物活性分子导致蹄叶炎的发生。

2. 奶牛蹄叶炎与内毒素的关系

内毒素是革兰氏阴性菌细胞壁的脂多糖成分。亚急性瘤胃酸中毒时瘤胃菌群紊乱，引起革兰氏阴性菌部分死亡导致内毒素大量释放。当瘤胃中内毒素含量增多时，会破坏胃肠屏障，过多的内毒素进入血液循环，在外周血中造成各组织的损伤。虽然没有研究表明蹄叶炎与内毒素有直接关系，但是在蹄叶炎病例中内毒素的释放成为研究的重点。向奶牛体内注射内毒素，可观察到与蹄叶炎相同的病理变化。内毒素可以刺激机体释放生物活性物质，导致奶牛蹄部表皮基底膜病理性损伤。内毒素可以作为血管活性物质，直接作用于蹄部的真皮组织。内毒素会在肝和局部组织中诱导细胞因子的产生和释放，如释放的TNF-α可激活炎症和酶活性的局部级联反应。在这一系列的反应后，基质金属蛋白酶（matrix metallo proteinases，MMP）和蹄局部的调节因子活化。即使没有炎症发生，MMP仍可被激活，最终导致蹄部组织的非炎症性退化及基底膜降解。

3. 奶牛蹄叶炎与生物活性物质的关系

最简单的生物活性物质是单胺，包括组氨酸、组胺和血清素。还有一些儿茶酚胺也具有血管活性，其中包括多巴胺、去甲肾上腺素和肾上腺素。缓激肽具有舒张血管的作用，然而内皮素可导致血管收缩。以上生物活性物质是亚临床型蹄叶炎中主要的研究对象。神经肽在神经末梢和肥大细胞产生并释放组胺，造成各个组织的损伤和炎症。急性蹄叶炎的血液组胺水平升高。组胺可以激活一系列的酶类活性物质，引发炎症。由于组胺在瘤胃中很不稳定，大部分外源性组胺会被消化降解，还有部分被氧化或甲基化而失活。因此，与蹄叶炎相关的组胺可能产生于瘤胃以外的部位。但是，当发生亚急性瘤胃酸中毒时，瘤胃内产生的大量组胺会抑制上皮细胞的自我修复，导致瘤胃壁通透性升高而造成损伤，使更多的有害物质进入循环系统。蹄叶炎是由蹄部肥大细胞分泌的内源性组胺导致的。当机体处于低炎症状态时，内毒素也可刺激机体产生内源性组胺。患有急性蹄叶炎的奶牛如果在疾病的早期接受抗组胺治疗会有很好的治疗效果。组胺是一种强大的血管扩张剂，它的作用是使血管壁的平滑肌放松。

MMP和基质金属蛋白酶抑制剂广泛存在于细胞外基质中，维持细胞外基质的代谢平衡。胰岛素抵抗将导致胰岛素依赖性血管的舒张受阻、毛细血管受损，从而导致蹄叶层界面的氧化应激损伤并增加基质金属蛋白酶的活性，并且内毒素、多种细胞因子和组织缺氧也可激活基质金属蛋白酶。基质金属蛋白酶可降解细胞外基质成分，包括原胶原、蛋白聚糖和软骨寡聚基质蛋白。过多的MMP的活化导致胶原降解增加，催化降解许多重要的结构，如基底膜（BM）、半细胞桥粒（上皮细胞膜中的局部增厚组织），最终使基底膜和上皮基部细胞发生分离，造成薄膜组织结构的生物学功能障碍，也使足底骨悬吊器和支撑系统胶原纤维松脱伸长，这将导致足底骨移位和足趾溃疡。在多种细菌的作用下，可激活基质金属蛋白酶-9（matrix metallo proteinases-9，MMP-9）和基质金属蛋白酶-2（matrix metallo proteinases-2，MMP-2），并且解聚蛋白样金属蛋白酶-5和MMP-2参与细胞外基质的降解。虽然奶牛的蹄叶炎与基质金属蛋白酶之间的关系还没有确定，但是为生物活性物质缓解蹄叶炎的研究提供了思路。细胞因子、白细胞介素和TNF-α可能是建立亚急性瘤胃酸中毒与蹄部组织损伤的连接点。其中，很多属于促炎因子，可活化MMP，并且能够引发蹄部的局部炎症。其他生物活性物质包括上皮生长因子，当发生亚急性瘤胃酸中毒时，瘤胃壁损伤，在蹄部的表皮基膜内发现上皮生长因子的受体（EGF）。

4. 奶牛蹄叶炎与环境和管理的关系

奶牛蹄叶炎是由于代谢紊乱和负重或硬地面对蹄部组织造成损伤之间的相互作用引起的。在饲养管理时，要同时考虑创伤和代谢紊乱2个重要因素。地面的软硬度是引起蹄叶炎的重要因素。饲养在柔软地面的奶牛亚急性蹄叶炎的发病率显著低于饲养于坚硬混凝土地面的奶牛。与饲养在柔软地面上的奶牛相比，在硬地面上，牛蹄的内部组织损伤要严重得多。当奶牛负重过大时，蹄部的脚掌受到地面压力，真皮将受到损害，局部生物活性物质释放，增加了蹄叶炎的患病风险。

集约化管理的奶牛躺卧与站立也会影响血液进入蹄部真皮组织的速度。当奶牛站立不动时，蹄子局部组织缺氧释放毒素，促进蹄叶炎的发生。环境和饲养方式给奶牛带来的压力也是一个重要风险因素。由于追求高利润而过度饲养，导致饲养环境恶化，如过度拥挤、噪声增多、挤奶次数增多均会引起奶牛的不适从而产生应激，降低奶牛代谢水平，破坏新陈代谢平衡，不仅易发生蹄叶炎，而且还会引起生殖障碍和其他疾病的发病率升高。

5. 奶牛蹄叶炎与内分泌的关系

蹄叶炎在围产期有很高的发病率，并且在分娩前后血液中相关激素水平显著提高。其中，松弛素可能是影响亚急性瘤胃酸中毒的重要激素之一，生长激素也可能促进蹄叶炎的发生。

6. 奶牛蹄叶炎与年龄和品种的关系

初次产犊的奶牛更容易患蹄叶炎。青年奶牛易发生急性蹄叶炎，年老奶牛易发生慢性蹄叶炎。瑞典荷斯坦奶牛比瑞典娟姗奶牛更容易发生蹄底溃疡和蹄底出血。

三、发病机理

奶牛蹄叶炎是全身性疾病，主要的病理变化发生在蹄部。在发病过程中出现3个病理变化：蹄部真皮微循环紊乱、悬吊器官中连接组织松弛、表皮细胞异常分化。虽然蹄叶炎的发病机理存在争议，但是在蹄叶炎病例中均出现了以上病理变化。

1. 蹄部真皮微循环紊乱

血管活性物质释放并作用于蹄部的真皮血管导致微循环系统紊乱，即血管扩张、收缩或渗出。这一系列的反应强度和时间取决于血管活性物质的量及停留在真皮组织里的时间。主要包括：①小动脉扩张导致血流减慢，侧静脉血液分流减少，内皮损伤和渗漏导致血管内血流动增加，导致内压力增加。②动静脉分流将血液分流到血管床的较深部分，从而导致真皮内血液停滞，引起局部缺血。③内毒素与缓激肽样物质损伤小血管壁，使血细胞和血浆流出血管腔，而不使其破裂（水肿），并引起蹄部间质压力增加。④血管壁的损伤会形成血块（壁血栓），从而减少对真皮组织的供血（局部缺血），减少了周围组织的氧含量和营养物质，最终导致组织死亡（坏死）。⑤在组织损伤和死亡之后，新的血管生成并侵入受损伤的区域，将白细胞带到该区域并开始形成瘢痕组织。⑥随着静脉内压力的增加，毛细血管流量减少，疼痛加剧，毛细血管、小动脉和动静脉分流扩张到最大。液体和血液从微循环中渗出。综上所述，这些病理变化和机制有助于说明蹄叶炎与微循环之间的关系。

2. 悬吊器官中连接组织松弛

悬吊器官由胶原纤维组成，胶原纤维一端插入踏板骨，另一端固定在真皮片层的基底膜上。它负责将踏板骨上的负载（动物的重量）传递到蹄囊。从踏板骨向上延伸的纤维悬吊着踏板骨。在悬吊装置和踏板骨的支撑系统共同作用下使踏板骨在蹄囊中维持适当的位置。这 2 种系统都依赖于胶原纤维来维持它们的功能，但是都容易被基质金属蛋白酶降解。这些结构的破坏导致踏板骨的方向移动（下沉、旋转或移位）。如果足部骨下沉太深，就会压迫损伤血管壁，导致出血，这是蹄叶炎发生的关键因素。

3. 表皮细胞异常分化

角质产生（形成）的表皮细胞（活的表皮）由真皮下的血管（真皮）提供营养。如果血液供应减少，就会影响角质生成。原因是角化细胞的数量和合成活性异常。在蹄部 3 个解剖区域表现出不同形式：①冠状表皮形成壁角，是增长速率最快的部分。角质的短暂性停止生长，将形成沟或裂缝；短期内角质迅速生长将形成嵴；但角质间歇式生长时，蹄壁会呈现树状外观。②蹄底的表皮是第 2

活跃的角化组织，正常情况下产生角蛋白的速度是蹄壁生长速度的1/3。当蹄底的表皮组织血液灌注不良时，将会导致白线病或蹄部溃疡。③表皮薄层形成了最少的生角蛋白供应区域。长期的表皮细胞异常分化，将导致蹄变形，增加蹄叶炎发生的风险。

四、分类和临床症状

蹄叶炎是发生在足部或者是蹄类动物四肢的皮肤层区域的弥散性无败性炎症，是引起奶牛跛行的主要疾病。根据病情的严重程度和持续时间，可将蹄叶炎分为急性、亚急性、慢性和亚临床型蹄叶炎。

发生急性蹄叶炎时，病牛表现出严重的运动障碍。站立时，弓背且四肢收于腹下，或者两前肢交叉前伸，而后肢收于腹下，或躺卧不起。在急性早期，病牛肌肉震颤并有大量出汗，体温升高，脉搏加快。局部静脉扩张、充血。蹄部皮肤发红，温度升高。蹄壁和蹄底有出血，采食量下降，产奶量降低，出现跛行。

发生亚急性蹄叶炎时，病牛症状与急性蹄叶炎相似，表现为全身性症候，蹄部角质层发生明显变化，如不及时治疗，易发展为慢性蹄叶炎或复发。

慢性蹄叶炎，一般由急性蹄叶炎转变而来，病牛无全身症状，仅表现在蹄部的局部变化。蹄部负重不均，蹄球部受力，角质生长异常，蹄延长，成为芜蹄。由于角质的不规则生长，蹄壁上出现不规则的嵴与沟。长期患有慢性蹄叶炎的奶牛出现体重下降，骨质疏松，产奶量下降等症状。有时伴有蹄底溃疡。蹄部真皮毛细血管持续缺血，发生小动脉硬化，有陈旧性血栓形成。严重病牛有慢性肉芽组织增殖和明显的毛细血管纤维化，导致真皮与表皮交界处分离，造成蹄部内部的破坏。

亚临床型蹄叶炎，是由于持续性损害引起的持续性、缓慢而不易发现的病理过程。在整个过程中，蹄的角质逐渐变软。当病牛在硬地面行走时，软化和磨损的蹄底就会受到损伤。如果蹄部一直在柔软的泥土中则会进一步软化。蹄底由于毛细血管出血，血液渗出到蹄负面的真皮层而变黄。在蹄负面有出血斑形成，尤其是白线区、蹄底尖部和蹄跟内侧。足底出血和变黄被认为是亚临床型蹄叶炎的临床症状。

五、诊断

目前，针对临床蹄叶炎的诊断仍采用传统方法。根据临床症状，如运步状态、蹄变形情况及温度等进行初步诊断，最后与其他蹄病进行鉴别诊断。

蹄叶炎，见上述临床症状。指间皮炎，运步不自然，蹄部表现非常敏感，皮肤呈湿疹性皮炎，有腐败气味。病变局限在表皮，表皮增厚和稍充血。

关节炎，关节囊扩张、肿胀，具波动性。趾间蜂窝织炎，轻度跛行，患肢以蹄尖轻轻负重，皮肤坏死和裂开，有难闻的恶臭气味，表面有假膜形成，指间皮肤坏死、腐脱、指明显分开，指部甚至蹄球节出现明显肿胀。

腐蹄病，蹄底糜烂、肉芽增生、蹄球节糜烂。

软骨症，四肢温度低、无力，卧地不起，无其他症状。

蹄叶炎的诊断复杂，有时无明显症状，易被忽视或与其他蹄病混淆，造成误诊漏诊，带来严重的经济损失。因此，在饲养管理过程中，应注意观察，定期修蹄检查。

六、综合防控

当发生急性蹄叶炎时，应紧急处理。在最严重的情况下，应进行瘤胃灌洗。并配合对症治疗，服用消炎药、抗组胺药物等。还可采用中药疗法和针灸疗法。并对奶牛蹄部进行蹄浴和冰敷，减少疼痛。在紧急处理后，应当加强护理，限制病牛活动，将奶牛活动场地更换为松软场地等。当发现慢性蹄叶炎时，应当及时护蹄。同时，要限制病牛的运动，检查饲料比例，减少精饲料比例。及时修蹄，去除坏死组织。由于难以确定亚急性瘤胃酸中毒的发展阶段，因此对个别奶牛进行治疗是不实际的。因此，应对奶牛群采取预防措施，加强饲养管理。

由于奶牛蹄叶炎是多种致病因素共同作用引起的，因此可根据致病因素进行合理饲养。第一，重点预防瘤胃酸中毒。如合理改善奶牛的日粮组成，适当减少精饲料比例，在运动场添加盐砖槽供奶牛舔食，维持瘤胃酸碱平衡。第二，减少硬地面造成的损伤。选择松软地面，减少水泥地面等坚硬地面的使用。每年春秋两季定期修蹄检查。第三，奶牛的舒适度。如加强饲养管理，减少奶牛站立时间，从而降低血流量减少的风险。第四，减少环境带来的压力，选择干净整洁、舒适宽敞的圈舍，也可有效降低蹄叶炎的发病率。第五，做好奶牛的选育工作，及时淘汰肢蹄部有缺陷和易于代谢紊乱的奶牛。

奶牛蹄叶炎虽然可以通过适当的疗法治愈，但是常常被忽视，在严重时才被发现。因此，错过了最佳治疗时机，给奶牛养殖业带来巨大经济损失。对于蹄叶炎的防治方法就是提前预防，做好监护，及时治疗。

第六节　产　乳　热

产乳热又称产后瘫痪，是一种常见的营养代谢障碍性疾病，大多发生在产后48～72h，其发病原因和特征都是产后低钙血。主要症状为四肢肌肉震颤无力、卧地不起、昏迷，严重者在几小时内死亡，通常成年奶牛不会出现低钙血症，只是在奶牛分娩时需要大量的钙，导致机体内钙含量显著减少。在围产前期，随着胎儿的生长，奶牛胎盘重量及自身机体对能量、蛋白质和矿物质的需求急剧增加。在妊娠末期胎儿每天生长需要 0.82Mcal* 能量、117g 蛋白质、10.3g 钙、5.4g 磷和 0.2g 镁。然而奶牛形成初乳的新陈代谢远远超过了胎儿生长的需要，在分娩当天生产 10kg 初乳就需要 11Mcal 能量、140g 蛋白质、23g 钙、9g 磷以及 1g 镁，此时奶牛的干物质采食量很低，所以为满足如此大的营养需求极易导致奶牛产生营养负平衡。另外，分娩和泌乳启动带来的巨大的生理挑战容易导致诸如产乳热和酮病等复杂的代谢性疾病。

血液中大量的钙离子一方面用来形成初乳，另一方面也用来满足产道收缩的需要。如果此时奶牛从骨骼中动员的钙，加上从肠道吸收的钙不能完全补充血液中过度动员的血钙时，就会导致奶牛出现产乳热。当奶牛分娩后血清总钙浓度低于 50mg/L 时奶牛可能会无法正常站立，即发生产乳热；而当血清总钙浓度低于 75mg/L 时，即处于亚临床低钙血症状态，此时机体最主要的表现就是肌肉的收缩能力下降。围产后期奶牛一旦患产乳热，机体平滑肌机能就会下降，通过一系列作用机制，最终损害奶牛的生产性能和繁殖性能。

一、发病原因

正常情况下，钙稳态机制使血钙浓度维持在 9～10mg/dL，当钙稳态机制失衡，泌乳对钙的摄取使得血钙浓度下降到 5mg/dL 以下，这种低钙血状况严重妨碍肌肉和神经功能，以至于奶牛不能站立。静脉注射钙制剂可以延长患病牛存活时间，重新建

* cal 为非法定计量单位。1cal=4.184 0J。——编者注

立肠道和骨骼的钙稳恒机制。虽然产乳热容易治疗，但曾患产乳热的奶牛容易患乳腺炎（尤其是大肠杆菌性乳腺炎）、皱胃移位、胎衣不下和酮病等其他代谢性紊乱疾病。产乳热只影响少数奶牛，但几乎所有的奶牛在产犊后的最初几天都会患低钙血症，不过它们的肠道和骨骼很快就能适应泌乳对钙的需求。亚临床低钙血症会使奶牛食欲减退，从而容易患其他疾病，如胎衣不下、乳腺炎、皱胃移位和酮病等。提高刚分娩奶牛血钙浓度有助于增加产奶量，对没有产乳热问题的牛群也同样有效。奶牛产后低钙血症的危害详见图 5-3。

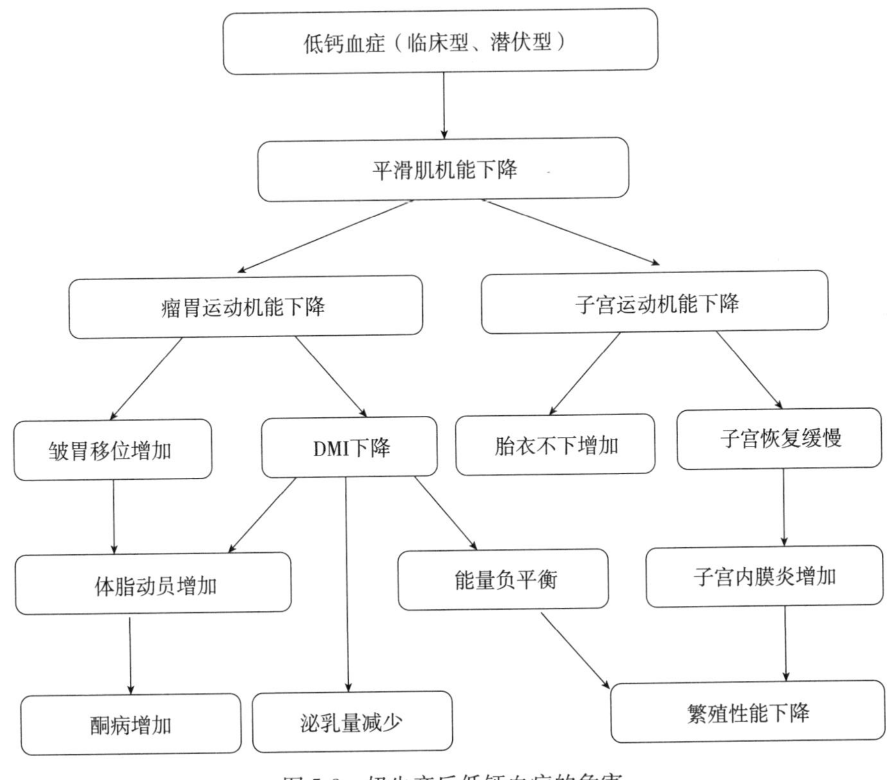

图 5-3　奶牛产后低钙血症的危害
（李宝栋，2010）

二、发病机理

产乳热以严重低钙血为特征，也是血钙过低的后果。有些情况下，也会伴发低磷症和低镁症。低钙血的程度取决于钙离开细胞外钙池的速度和钙稳恒机制补充钙损失的能力。在泌乳开始的最初几天，通过释放甲状旁腺激素（PTH）适应泌乳的要求，减少尿钙损失，促进骨骼对钙的重吸收和通过增加 1,25-（OH）$_2$D$_3$的合成来提高肠道转运钙的能力。只有当上述几种途径同时发挥作用时，低钙血症才能降到最低程度。引起产乳热的危险因素会降低上述稳恒机制的一个或多个方面的效率。

1. 自身内源耗钙量增加

钙离子（Ca^{2+}）作为重要的代谢调节物，是许多酶的激活物，参与正常血液凝固、维持肌肉收缩、神经冲动传导、降低神经肌肉兴奋性和毛细血管膜通透性。正常成年反刍动物的血钙浓度为 8.8～10.4mg/dL，一般介于 10～12mg/dL。当血钙浓度低于 7.5mg/dL 时，奶牛处于亚临床低钙血症；当血钙浓度低于 5mg/dL 时，奶牛可能会无法正常站立，即发生产乳热。一般来讲，维持血钙浓度恒定调节机制是非常精确的，但在围产期钙稳恒平衡有可能被打破，这是因为在分娩和产奶过程中，对钙需求量急剧增加，离开细胞外液进入乳腺的钙数量超过通过肠道吸收和骨重吸收的钙的数量，造成钙代谢失调。而血钙储备的动员，必须通过增加肠道钙吸收和骨钙动员来补充。在妊娠期，钙会随粪便和尿液排出体外，大约排泄 10g/d；为满足胎儿生长发育需要，在妊娠末期胎儿生长需要约需钙 10g/d。产犊后，内源钙随粪和尿液排泄的量不变，但随泌乳量的增加，钙的消耗则成倍增加，初乳分泌需钙可达 30g/d。这就是说，在产犊后数小时内机体对钙的需求量至少增加 2 倍。此时，受机体极度虚弱和体液重新分配的影响，胃肠道吸收钙的能力很差，甲状旁腺也难以应付机体内源钙的这种突然变化，即使甲状旁腺调节血钙浓度的功能正常，能够迅速动员骨钙，但也不及日需要钙量的50%。实际上，奶牛产犊后一般需要十几天才能完全激活肠道吸收和骨骼动员机制来供给泌乳所需的钙，因此在产犊几天后大约66%的奶牛都会出现不同程度的低钙血症，严重的低钙血症可导致产乳热以及一系列产后疾病。低钙血症的严重程度取决于离开细胞外液中钙的流失量以及钙稳态调节系统补充损失的钙的速度。在泌乳最初关键的几天内，奶牛主要通过释放甲状旁腺素（PTH）来适应泌乳造成的钙损失。PTH的作用是减少尿钙损失，刺激骨钙重吸收和增加1,25-$(OH)_2D_3$的合成，以提高胃肠道内钙的主动转运。若使低钙血症发病率降到最低，上述3个途径都要发挥作用。产乳热的致病因素可以降低上述一种或多种钙稳态调节机制发挥作用的效率。

2. 应激而导致的钙摄入量下降

妊娠早期血液中循环的内源性阿片肽浓度很低，妊娠的最后几个月β-内啡肽的浓度开始升高，产犊后48h恢复到基础水平。分娩时脑啡肽的浓度迅速升高。脑啡肽和阿片肽都是潜在鸦片样肽受体的兴奋剂，可减轻奶牛分娩时的疼痛感觉，但阿片肽又可减弱胃肠道的蠕动。在产犊时观察到干物质摄入量的降低可能与产前内源性阿片肽浓度升高、胃肠道的蠕动减弱有关。此外，分娩临近时，胎儿对腹腔的压迫加剧，造成胃肠蠕动减慢也是造成干物质摄入量降低的原因。干物质摄入量降低会导致奶牛钙摄入量不足。

3. 其他离子对钙的影响

奶牛采食高钾牧草和饲料作物后，血钾浓度升高，阻碍了瘤胃对镁的吸收，引起低镁血症。当血镁浓度低于0.85mmol/L时，极易出现产乳热。这是因为镁的缺乏抑制了甲状旁腺的活动，使钙代谢速率降低，因而钙不易从骨骼中动员出来。在干奶期每天饲喂71g镁的奶牛，钙离子从骨骼中的动员显著高于那些每天采食17g

镁的奶牛。血液镁浓度低的奶牛，在通过静脉注射乙二胺四乙酸（ethylenediaminetetraacetic acid，EDTA）来螯合钙离子并引发低钙血的情况下，动员骨骼钙的能力显著下降。

4. 机体酸碱度对血钙的影响

奶牛分娩时体液的 pH 也是决定产乳热的重要因素。代谢性碱中毒会破坏 PTH 的生理活性，诱导 PTH 受体发生构象改变，使其无法与其受体紧密结合，以致组织对 PTH 的反应较差，造成骨的重吸收过程和 1,25-（OH)$_2$D$_3$的合成过程受阻，降低了奶牛泌乳对钙需要的有效调节能力。代谢性碱中毒可诱导 PTH 受体发生异构化，使 PTH 无法与受体紧密结合，钙稳态调控机制失衡，奶牛无法适应泌乳对钙的需要，出现了低钙血症，最终发展成为产乳热。造成围产期奶牛产乳热的第 2 个最常见的因素就是低镁血。低镁血造成甲状旁腺分泌 PTH 减少，并通过诱导 PTH 受体和 *G*-刺激蛋白复合体构象的变化来改变靶组织对 PTH 的敏感性。

代谢性碱中毒是产乳热病因学中非常重要的一个因素，所以防止代谢性碱中毒的发生非常重要。饲粮中的阳离子会造成奶牛血液呈碱性。阳离子包括 K^+、Na^+、Ca^{2+} 和 Mg^{2+} 等。饲粮中几乎所有的 K^+ 和 Na^+ 都被奶牛吸收，使得这 2 种离子成为血液中强碱性阳离子。干奶牛对饲粮中 Ca^{2+} 和 Mg^{2+} 的吸收能力较差，因而这 2 种阳离子致碱性不强。综上所述，如果能够在奶牛围产期阶段调整饲粮阳离子和阴离子的比例，即减少饲粮中钾和钠的含量，添加阴离子盐调整 DCAD 水平诱导轻度（代偿性）酸中毒，就有可能防止泌乳早期奶牛代谢性碱中毒的发生，从而避免产乳热和亚临床低钙血症的发生。

三、影响因素

1. 品种

娟姗牛、瑞典红白花牛和挪威红牛的产乳热发病率较高，原因还不清楚。娟姗牛的初乳和常乳的钙含量比荷斯坦牛高，这可能是娟姗牛遭受更严重的钙应激的原因。娟姗牛肠道的 1,25-（$OH)_2D_3$的受体明显要比荷斯坦牛少，受体数量少可能会使娟姗牛维持该稳恒的能力削弱。

2. 营养

代谢性碱中毒是产乳热病因中一个非常重要的因素，因此预防代谢性碱中毒十分重要。奶牛血液呈碱性的原因是日粮阳离子过多，尤其是钾离子。阳离子包括 K^+、Na^+、Ca^{2+} 和 Mg^{2+} 等。如果饲料中的阳离子吸收入血液，会使血液碱性升高。如果未被吸收入血液，那么将不影响血液 pH。几乎所有的日粮 K^+ 和 Na^+ 都被奶牛吸收，使得这 2 种离子成为强有力的碱性阳离子。在干奶牛的日粮中，Ca^{2+} 和 Mg^{2+} 很难吸收，因此这 2 种离子不是强碱性阳离子。干奶牛日粮中含高钾、高钠或两者同时具备会增加奶牛患产乳热的危险。在分娩前的日粮中加入钾或钠也会增加产乳热发生的危险。向分娩前的奶牛日粮中加入钙（0.5 %～1.5 %）不会增加产乳热发病率。

3. 低镁症

分娩奶牛发生低钙血症和产乳热的第 2 大原因是低镁症。血液低镁会抑制甲状旁腺释放 PTH，通过改变 PTH 受体结构和 *G*-促进蛋白复合物的结构而抑制对 PTH 的反应。在分娩前饲喂足够数量的镁，会减轻奶牛分娩后低镁症的发生。分娩前后 24h 之内，血镁浓度低于 2.0mg/dL 则预示着日粮镁的吸收不足。

4. 酸碱平衡

分娩时奶牛体液的酸碱平衡状态也是影响奶牛产乳热的重要因素。代谢性碱中毒损害 PTH 活性，从而使骨钙重吸收和 1,25-$(OH)_2D_3$的生成减少，影响奶牛泌乳对钙的需求。代谢性碱中毒会使 PTH 受体结构发生变化，阻止受体与 PTH 紧密结合。奶牛饲喂高钾或高钠日粮会使机体处于相对代谢性碱中毒状态，这会增加奶牛患产乳热的危险。甲状旁腺能够识别低钙血症的发生并分泌足够的PTH，但是组织对PTH的反应较差，导致骨骼对钙的重吸收和肾1,25-$(OH)_2D_3$的产生不足，这一点在曾经治愈又再次患产乳热的奶牛中尤为明显。分娩时奶牛血液PTH水平非常高，但产生的1,25-$(OH)_2D_3$的数量减少。只有奶牛机体产生足够数量的1,25-$(OH)_2D_3$将PTH的水平降至正常水平以后才能完全治愈产乳热。某些奶牛1,25-$(OH)_2D_3$的产生会延迟24～48h。

5. 年龄

初产母牛很少发生产乳热。产乳热发生的危险随年龄的增长而增加。初产母牛产生的初乳数量比经产母牛少，这减少了产犊时的钙应激。更为重要的是，生长母牛的骨骼仍处于生长期，含有大量的破骨细胞，比成年奶牛的骨骼更容易对PTH产生反应；老龄奶牛胃肠道的维生素D受体较少。

四、综合防控

预防奶牛产乳热的方法有：

1. 产前饲喂低钙日粮

产前饲喂低钙日粮，产犊时使用补钙制剂及产前补充外源维生素D和PTH。但这2种方法存在较多的缺陷和不足。产前饲喂低钙日粮的原因是：体内钙随着奶牛分娩和泌乳的开始而大量流失导致动物体血钙浓度在短时间内急剧下降，而此时的钙代谢反馈调节系统无法对血钙浓度的降低立即做出反应，就容易造成产后一段时间内的低钙血症，而如果在干奶期就开始饲喂低钙日粮，机体一开始就处于一种缺钙的状态，体内钙代谢反馈调节系统处于一种活跃的状态，因而能够及时动员骨骼中的钙，加强钙的吸收，从而预防了产乳热的出现。虽然普遍认为低钙日粮能够有效地预防产乳热，但是实际生产中这一方法还存在一些问题，产前低钙要求至少在产前十几天内，保证奶牛每天采食的钙少于50g才可以有效预防产乳热发生。然而以含阳离子较高的苜蓿作为粗饲料主要来源时，却很难做到产前低钙。而第2种方法在实际生产应用过程中存在技术、区域、成本等条件的限制。由于以上原因，近年来利用日粮阴阳离子差（dietary cation-anion difference，DCAD）理论，通过在饲粮中添加阴离子盐调控日粮DCAD值来预防产乳热就成为一大研究热点。阴离子盐的基本定义是指含氯离子（Cl^-）和硫离子（S^{2-}）相对较高而钠离子（Na^+）和钾离子（K^+）相对较低的盐类。

2. 调整钙磷比例

在进入干奶期时，注意调整钙磷比例。分娩前2周开始饲喂低钙日粮以促进骨钙动员，产后可继续有效动员骨钙。钙80～100 g/d或占饲料干物质采食量的0.5%～0.7%，磷不多于45g/d或占饲料干物质采食量的0.3%～0.5%，不能超过限量。钙磷比保持在（1.5～1.1）：1，对保持甲状旁腺的正常生理功能很有益处，这些都是预防产乳热的有效措施。

3. 补充外援维生素D和PTH

奶牛分娩前10～14d饲喂或注射大量的维生素D来预防产乳热，这会增加胃肠道对钙的吸收，有助于预防产乳热。但是能有效抑制产乳热发生的维生素D剂量与引起软组织的不可逆钙化转移症的剂量接近。低剂量维生素D实际上可能会引起产乳热，因为高水平的1,25-（$OH)_2D_3$能抑制PTH释放和肾合成内源性1,25-二羟维生素。在产犊前用1,25-（$OH)_2D_3$及其类似物或PTH激素处理有效果，但其剂量接近中毒剂量，并存在注射和停止使用时间选择以及费用等问题，因此没有在生产中采用这些措施。此外，在妊娠后期加强运动，保证营养供给，均可增强妊娠牛体质，预防产乳热。

4. 加入阴离子盐诱导轻度代谢性酸中毒

在分娩前奶牛日粮中加入阴离子盐能够预防产乳热。NH_4Cl、

$CaCl_2$、$MgCl_2$以及相应的硫酸盐已经成功地用作阴离子添加物。氯化物比硫酸盐更能起到酸化效果。盐酸也已成功地作为预防奶牛产乳热的一种阴离子来源。可通过检测分娩前1周奶牛尿液的pH来评价分娩前奶牛日粮加入阴离子的效果。在荷斯坦奶牛中，有效的阴离子盐添加能使尿液pH降到6.2～6.8。采用DCAD=（Na^+ + K^+）－（Cl^- + S^{2-}），通常DCAD降到每千克日粮0mmol以下时，达到适宜的酸化效果。这些目标值还未真正确定，最好是在干奶牛日粮中逐渐少量添加阴离子盐直到pH达到预期目标值。尿液pH可在加入阴离子盐48～72h后测定。

饲喂镁含量为0.35 %～0.40 %的分娩前日粮可以阻止奶牛分娩时血镁浓度的下降。这种水平的镁能够确保瘤胃有足够的镁，可以通过被动吸收机制穿过瘤胃壁，不至于依靠主动吸收转运来吸收镁，这种主动转运受到日粮钾的抑制。由于机体组织中没有直接可以利用的储存镁，日粮镁必须足以满足奶牛对镁的需要。这种高水平的镁可以弥补分娩前干物质采食量的下降而引起的镁摄入量减少。磷需要量可通过饲喂40～50g/（头·d）的磷而得到满足，低于25g/（头·d）可能会引起低磷症，超过80g/（头·d）会引起产乳热。

分娩前日粮钙的理想含量还未确定。在饲喂含0.5 %或1.5％钙日粮的两组奶牛之间，产乳热发生率的差异不显著。借助添加阴离子盐的方法，成功地采用了含钙超过150g/（头·d）的日粮来预防低钙血症，而非常高的日粮钙水平（＞1.0％）可能会降低干物质采食量和奶牛的生产性能。

五、DCAD概述

1. DCAD的概念

饲粮阴阳离子差（dietary cation-anion difference，DCAD）是

饲粮中每千克（mEq/kg DM）或每100g干物质（mEq/100g DM）所含K^+、Na^+、Ca^{2+}、Mg^{2+}等阳离子与Cl^-、S^{2-}等阴离子之间物质的量（mmol）。DCAD最初用于降低围产期奶牛产乳热的发病率。随着研究的深入，研究人员发现DCAD可调节泌乳牛采食量和生产性能，并在一定程度上对乳品质有影响，所以近一段时期DCAD成为奶牛饲粮调控的热点研究领域。

DCAD不仅关注单一元素的缺乏补充，更强调补充元素之间的整体平衡。在充分考虑能量、蛋白、钙、磷和氨基酸的平衡之后，对饲粮离子单一元素和多个相关离子的综合考虑——饲粮离子平衡（dietary ion balance，DIB）的概念逐渐明确。饲粮离子平衡必然要涉及饲粮阴阳离子平衡（dietary cation-anion balance，DCAB）、机体酸碱平衡（acid-base balance，ABB）、电解质平衡（electrolyte balance，EB）。一般认为，K^+、Na^+等强电解质可增加血浆的阳离子和提高pH，而某些阴离子Cl^-、SO_4^{2-}，携带负电荷，使血浆呈酸性并降低pH。阳离子是指带正电荷的电解质，主要有K^+、Na^+、Ca^{2+}、Mg^{2+}等；阴离子是指带负电荷的电解质，主要有Cl^-、S^{2-}、P^{3-}等。饲料中影响阴阳离子平衡的强电解质主要有K^+、Na^+、Cl^-、S^{2-}等。饲粮可以在消化过程中产生代谢性的酸性或碱性环境。

2. DCAD的计算方法

奶牛饲粮中所有的阳离子和阴离子都能对血液产生影响。饲粮中出现的主要阳离子及其化合价为：Na^+（+1）、K^+（+1）、Ca^{2+}（+2）和Mg^{2+}（+2），饲料中出现的主要阴离子及其化合价为：Cl^-（−1）、$SO_4{}^{2-}$（−2）和$H_2PO_4^{3-}$（大约为−3）。饲粮出现的强致碱性或强致酸性阴阳离子被吸收入血，将改变血液中强离子差（strong ion difference，SID），如Na^+、K^+为强致碱性离子，而Ca^{2+}和Mg^{2+}为弱致碱性离子。微量元素由于其吸收的数量较少，对酸碱平衡的影响可忽略不计。正常细胞外液的pH在

7.40±0.05 范围内，其极限值介于 7.0～7.7。

DCAD 表达式多种多样，使用哪种计算公式或包括哪些阴阳离子计算电解质平衡并无固定模式，但较为常用的有以下几种：

DCAD＝（%Na/0.023）＋（%K/0.039）－（%Cl/0.355）（伍喜林，2002）　　(1)

DCAD＝（%Na/0.002 3）＋（%K/0.003 9）－（%Cl/0.003 5）＋（S%/0.001 6）（Erb，1985）　　(2)

DCAD＝（%Na/0.023）＋（%K/0.039）＋（0.38%Ca/0.020）＋（0.030% Mg/0.012）－（% Cl/0.035 5）－（0.60% S/0.016）（Moore，2000）　　(3)

阴离子盐通常添加在精饲料中，DCAD 计算结果的单位常是 mEq/100 g DM或者是 mEq/kg DM。对上述 3 个 DCAD 表达公式（1）、（2）和（3）对干奶牛作用效果进行判定，国内外的最新研究常用公式（2）计算饲粮的 DCAD 值，根据（2）计算出的酸碱平衡值与产乳热的发生有很高的相关性。

为了配制一种低 DCAD 的分娩前日粮来预防奶牛产乳热发生，建议采用下列措施：

降低日粮钠和钾水平：从日粮中降钾是一个难题，因为如果土壤的钾充足，其他豆科牧草和许多禾本科牧草会在它们的组织中积累大量的钾，超过其生长需要。玉米属温带作物，积累钾的数量较少，因此玉米青贮饲料常作为降低 DACD 的饲料原料。

饲喂围产期奶牛的 DCAD 达到每 1 000g 100～150mg 当量时，奶牛处于轻微的酸中毒，可有效防止奶牛产乳热。给奶牛饲喂 DCAD 为每千克干物质 330.5mg 当量的日粮时，产乳热发生率达 47%。而饲喂 DCAD 为每千克干物质 128.5mg 当量的日粮时，产乳热发生率为零。饲喂 DCAD 为每千克干物质 75mg 当量日粮的奶牛与饲喂每千克干物质 189mg 当量日粮的奶牛相比，产乳热的发病率明显下降。

3. DCAD 对血钙浓度调节作用的机理

给围产期奶牛饲喂无机酸能显著降低产乳热的发病率，因此认为体内的阳离子过剩会诱发产乳热。奶牛体液酸碱平衡状态的变化是诱导产乳热的重要因素，在奶牛干奶期通过饲喂阴离子盐添加剂改变 DCAD 值诱发奶牛机体的亚急性代谢性酸中毒来改变奶牛体液酸碱平衡状态，并最终有效地降低了产乳热的发病率。

正常生理状态下奶牛血浆中游离 Ca^{2+} 的调节机制主要有物理化学调节机制和激素调节机制。物理化学调节会使血浆中游离的 Ca^{2+} 与易交换的骨钙之间进行交换。调节和控制体内钙代谢的重要物质为 PTH、降钙素（CT）和 1,25-$(OH)_2D_3$。血钙浓度增高时，PTH 分泌减少；反之，则分泌增多，两者构成负反馈调节系统。

PTH 主要作用于骨骼、肾和肠细胞内的钙代谢。血液钙浓度降低时，刺激 PTH 和 1,25-$(OH)_2D_3$分泌增加。PTH 作用于肾可促进肾小管对钙的重吸收，减少钙在尿液中的排出。PTH 有助于提高维生素 D 的活性，1,25-$(OH)_2D_3$ 为维生素 D 的活性形式。1,25-$(OH)_2D_3$进入血液维持和稳定细胞外液中钙的浓度，促进小肠中钙结合蛋白的合成，以增强钙在小肠的吸收。调节血钙浓度的另一种激素为降钙素，作用与 PTH 相反。

4. 改变 DCAD 通过肠道对钙吸收过程的调节机制

钙吸收增加主要是由于阴离子盐在肠道内产生的酸化作用。日粮中添加阴离子盐可导致动物代谢性酸中毒从而造成钙在体内的存留时间缩短，通过反馈机理引起 1,25-$(OH)_2D_3$和 PTH 的合成及分泌增加，1,25-$(OH)_2D_3$可促进小肠中钙结合蛋白的合成，增加钙在小肠的吸收。如果瘤胃可溶解的 Ca^{2+} 浓度足够高，可通过瘤胃吸收一定的 Ca^{2+}。日粮低 DCAD 可降低血液 pH，增加 Ca^{2+} 在肠道的被动吸收。

5. 改变 DCAD 通过肾对钙代谢的调节机制

慢性代谢性酸中毒增加尿钙的排泄，引起 1,25-$(OH)_2D_3$的合成增加和 PTH 的释放，刺激骨钙动员。PTH 作用于肾，促进肾小管对钙的重吸收，减少钙的排放。

6. 改变 DCAD 对骨钙重吸收作用的调节

关于骨骼在阴离子含量较高条件下的动员可能存在特殊机制。骨中有 3 种类型的细胞，即成骨细胞、骨细胞和破骨细胞。破骨细胞可移动到骨的表面，为重吸收留下腔隙。骨重吸收的准确机制还没有阐明，可能因素如下：①重吸收受 1,25-$(OH)_2D_3$ 和 PTH 的调节。②当破骨细胞出现重吸收现象时，溶酶体和线粒体酶活性增加。③琥珀酸脱氢酶和磷脂酸脱氢酶的适宜活性依赖 H^+。④在破骨细胞的细胞质和溶酶体内形成其他的酸，如透明质酸和乳酸。⑤局部出现低 pH 很可能有助于矿物元素的分解。产前几天使用阴离子盐降低 DCAD，可增加骨钙的动员，与产前血浆 1,25-$(OH)_2D_3$ 和 PTH 合成数量增加的现象相吻合。DCAD 影响调节钙动态平衡的激素的敏感性，饲喂高或低 DCAD 的奶牛分泌的 PTH 的数量接近，而每单位 PTH 产生 1,25-$(OH)_2D_3$ 的数量却不同，低 DCAD 分泌的 1,25-$(OH)_2D_3$ 的数量较高，同时伴有围产前后较高的血钙浓度。患有产乳热的奶牛体内 1,25-$(OH)_2D_3$ 和 PTH 的水平并不低，甚至高于没有患病的奶牛，这就表明给围产期奶牛饲喂 DCAD 值高的日粮时，骨骼对激素的调节不敏感。血浆羟脯氨酸浓度是评价反刍动物骨钙代谢状态的指标之一，羟脯氨酸有利于骨重吸收。在分娩前给奶牛饲喂阴离子盐，能够增加血中羟脯氨酸的浓度，这表明处于酸性缓冲系统的骨骼可启动骨的重吸收机制。干奶牛日粮的 DCAD 值（mEq/kg）降到 0 以下，才能使奶牛达到适宜的酸化效果。但适宜的 DCAD 值还有待进一步研究。虽然 DCAD 在预防产乳热方面具有较好的效果，但对于通过添加阴离子盐改变日粮 DCAD 值来预防产乳热的机理还存在大量不同的意见。

7. 调控日粮 DCAD 值及钙、镁浓度预防产乳热

给奶牛分别饲喂 DCAD 值为＋449mEq/kg DM 的日粮和

DCAD值为－172mEq/kg DM的日粮时，产乳热的发病率分别为47％和0％。干奶牛采食负DCAD值的日粮可有效减少产乳热的发生，如在不考虑日粮钙的影响，产前饲喂DCAD值为－75mEq/kg DM的日粮与＋189mEq/kg DM的日粮相比能显著降低产乳热的发病率。产前较低的DCAD可提高奶牛分娩时的血钙浓度，而且在分娩前后能够保持血液中钙离子浓度的稳定。在干奶后期日粮中添加阴离子盐奶牛产奶量可提高3.6％～7.3％。采食负DCAD值的日粮可增加尿液钙的排泄，在日粮负DCAD的条件下，采取低钙日粮的做法，仍会出现低钙血；相反，负的DCAD配合以高钙日粮则可缓解产乳热的发生。由饲粮提供的钙高于150g/（头·d），同时添加阴离子盐，降低了产乳热的发病率，但是日粮的钙浓度太高时，会影响奶牛的采食量，奶牛的生产性能也会因此而下降。应该注意，通过日粮中负的DCAD预防产乳热的发生，应适当提高日粮钙的浓度，一般应高达1.5％。在高钙日粮条件下必须考虑镁的吸收和利用情况，低镁血造成甲状旁腺素PTH分泌减少，并通过诱导PTH受体和*G*-刺激蛋白复合体构象的变化来改变靶组织对PTH的敏感性。如果产后24h内血镁浓度低于每100mL 2mg，表明饲料镁的吸收不足。镁离子与其他矿物元素之间还有着极其重要的互作关系。日粮中添加镁盐可增加钙和磷在肠道中的吸收，促进钙和磷的正平衡。但是这种反应只发生在日粮中钙和磷浓度高的情况下。产乳热发病率高的牛群中奶牛在分娩前血液中镁浓度低于正常水平，而且由于镁的缺乏会降低钙从骨骼中的动员。在干奶期每头每天饲喂71g镁的奶牛，钙从骨骼中的动员显著高于那些每天每头采食17g镁的奶牛。血镁浓度低的奶牛在低钙血的情况下，动员骨骼钙的能力显著下降。与骨骼钙不同，在低镁血的情况下骨骼中镁的动员不是镁的重要来源，维持正常的血液镁浓度几乎完全依赖于稳定的日粮镁源。

8. 调控日粮DCAD值及钙、镁浓度提高奶牛泌乳性能

饲喂负DCAD值的阴离子盐日粮可以预防产乳热及亚临床低钙

血症的发生，提高奶牛产后早期干物质采食量和生产性能。给奶牛分别饲喂 DCAD 值为＋330.5mEq/kg DM 的日粮和－128.5mEq/kg DM的日粮时，产乳热的发病率分别为 45％和 0。在日粮负 DCAD 值时，奶牛分娩时血钙浓度明显提高，奶牛产乳热发病率明显降低。在奶牛干奶后期添加阴离子盐，奶牛产后亚临床型低钙血发病率、胎衣不下发病率和乳房水肿发病率分别降低 33％、33％和 17％。在奶牛干奶后期添加阴离子盐，下一个泌乳期的产奶量可提高 3.6％～7.3％。干奶后期饲喂阴离子盐日粮可使第1～4 泌乳月的 4％标准乳产量分别增加 6.5kg、8.3kg、4.7kg、5.6kg，但在奶牛干奶后期添加阴离子盐对产奶量、乳脂、乳蛋白等的含量影响不显著。

9. 调整日粮 DCAD 水平及钙、镁浓度的注意事项

（1）控制阴离子盐的添加量及饲粮中 K^+、Na^+ 含量。目前，降低饲粮 DCAD 值的主要方法就是向饲粮中添加阴离子盐，但阴离子盐会降低饲粮的适口性，因此控制好阴离子盐饲喂量以防出现负面影响很重要。目前，干奶期饲粮最佳 DCAD 值应该介于－10～－5mEq/100g DM。在生产中，可以通过对尿液 pH 进行监控来调整阴离子盐的添加量，尿液 pH 在 5.5～6.2 时，阴离子盐添加量较适宜，当 pH＜5.5 时，应该降低阴离子盐的添加量，避免出现严重的酸中毒。在实际生产中建议饲粮中添加阴离子盐的同时，尽量选择 K^+、Na^+ 等强阳离子含量低的粗饲料来配合调整饲粮 DCAD 值，如东北羊草或芦苇等，来替代苜蓿干草。

（2）控制日粮钙水平。日粮提供的钙高于 150g/（头・d），同时添加阴离子盐，降低了产乳热的发病率。但是日粮的钙浓度太高时，会影响奶牛的采食量，奶牛的生产性能也会因此而下降，因此要控制好日粮中钙的浓度。

（3）配合高镁日粮。低镁血是造成围产期奶牛低钙血的一个常见因素，Mg^{2+} 的代谢吸收受众多因素的影响。其中，日粮 DCAD

值、瘤胃 pH、日粮中钙、磷的百分含量都对 Mg^{2+} 的吸收利用有重要影响。在低镁血的情况下，骨骼镁动员不是 Mg^{2+} 的重要来源，维持正常的血镁浓度几乎完全依赖于稳定的日粮镁源。因此，保证日粮中镁的浓度是预防产乳热和低钙血的必要条件。

第七节　乳房水肿

乳房水肿是奶牛分娩前后的一种代谢紊乱疾病，主要特征是在乳腺细胞间组织中积累了过多的液体。情况严重时，水肿在乳房和脐部发生，还可能波及外阴和胸部。通常，乳房水肿在妊娠前奶牛中发病率较高，情况也较严重，而且在大龄的小型青年牛中有更严重的趋势。乳房水肿会引起奶牛的不适，如挤奶器械不能很好地附着，增加乳头和乳房机械损伤的危险以及提高乳腺炎的发病率。严重的乳房水肿会降低产奶量，并引起乳房下垂。

乳房水肿的确切原因还不清楚，很可能是多重因素造成的。在妊娠后期由于盆腔中胎儿的压力，乳房静脉和淋巴液流出受到限制或淤积，或者流入乳房的血液增加，而从乳房流出的血液却没有相应增加，导致静脉压力提高，都可能成为导致乳房水肿的因素。妊娠后期类固醇激素的数量和比例变化也有可能导致乳房水肿。随着奶牛分娩的临近，血液中蛋白质浓度尤其是球蛋白浓度的降低，表明血管渗透压增加，患乳腺炎的可能性更大。其他潜在的原因，如遗传和日粮因素也与乳房水肿有关。

一、发病原因

1. 分娩前高精饲料饲养

不管胎次是多少，分娩前饲喂高精饲料日粮会加重乳房水肿的严重程度。在妊娠的最后 3 周内，每天饲喂 7～8kg 精饲料，会显著提高妊娠青年奶牛乳房水肿的发病率，而每天给生长母牛饲喂 4kg 精饲料对乳房水肿没有影响。分娩前 30d 内饲喂由玉米青贮和苜蓿（占日粮 88％，DM 基础）配合 12％高湿玉米构成的日粮时，乳房水肿和乳腺炎发病率要比饲喂全干草日粮的奶牛高。总之，产前饲喂高精饲料对乳房水肿发病率的影响程度还不清楚，其生物机制还未阐明。精饲料中其他营养成分对乳房水肿的影响的可能性不应该忽略。

2. 肥胖

肥胖奶牛更容易患乳房水肿。妊娠最后 60d 饲喂高蛋白质日粮并不会影响乳房水肿的发病率，但初产奶牛的乳房水肿严重程度要大于经产奶牛。

3. 矿物质

初产奶牛乳房水肿发病率的增加是由于粗饲料中含有 1％的矿物质盐，而不是精饲料饲喂量增加造成的。过多地摄入钠和钾会造成乳房水肿。限制 NaCl 和水的摄入则会降低妊娠青年奶牛乳房水肿的发病率。当日粮中添加钠盐和钾盐时，则会显著提高乳房水肿的发病率和加重其严重程度。为提高苜蓿产量施用钾肥可能是乳房水肿发病率增高的原因，每头奶牛每天摄入钾约 450g，采食 454g 的 NaCl 与 KCl 的混合物均会增加乳房水肿的发病率和加重其严重程度，且慢性乳房水肿也会伴随着贫血和低镁症的出现。

过多地摄入 NaCl 和 KCl 提高了乳房水肿的发病率，尤其是妊娠后期的初产奶牛。在围产期，应严格控制钠盐和钾盐的摄入量。但是给妊娠初产奶牛单独饲喂 $KHCO_3$［0 或 272g/（头·d）］或 NaCl［23g/（头·d）或 136g/（头·d）］会加重乳房水肿的严重程度，而 2 种同时饲喂时则没有影响。如果发生乳房水肿，可食用含钾、钠较少的牧草和其他饲料。

4. 氧化应激

由活性氧代谢产物引起的氧化应激在乳房水肿的发生中也起着非常重要的作用。代谢活动增加产生过多的活性氧代谢产物，如果接触黄曲霉毒素，能够诱发不正常的氧化反应，使脂肪过氧化，破坏蛋白质、多糖和DNA，同时破坏细胞壁和内容物的完整性，导致组织损伤。活性氧分子本身不会产生过氧化链反应，但它们会受到如铁的作用则能够转变为活性更强的自由基而发挥作用，导致乳房水肿。

二、流行病学特征及危害

1. 乳房水肿的流行病学特征

奶牛分娩前后发病率较高，临床症状也最严重。妊娠青年母牛乳房水肿的发病率和严重程度均超过经产奶牛，而且青年母牛年龄越大病情越严重；高产奶牛、过肥奶牛也易发生该病；乳房支撑结构变形的牛易发生病理性乳房水肿。

2. 乳房水肿的危害

主要包括以下几个方面：①影响挤奶。乳房水肿可使奶牛感觉不适，而挤奶更会加剧这种不适，干扰乳汁挤净，还会导致挤奶后漏奶甚至乳头破损。②导致多种乳房疾病。肿胀比较严重的可发生泌乳困难、乳房出血、乳腺炎，甚至乳房坏疽；病程过长者或反复发病者，会导致乳房增生、结节形成、乳房下垂等。③影响乳汁。产奶量降低，乳品质下降，严重者甚至影响终生产奶量。④经济损失严重。给奶牛养殖业带来巨大的直接或间接的经济损失。

三、分类与症状

1. 乳房水肿的病因学分类

乳房水肿可分为生理性水肿和病理性水肿。生理性水肿在初产奶牛尤其突出，始于产犊前几周，到产犊时达到高峰，经2～4周开始消退。生理性水肿可能从乳房部、前部、左半部、右半部开始，或在4个部分对称出现，但以乳房的后部和底部更为突出。心脏疾病、后腔静脉血栓形成、乳房静脉血栓形成和其他疾病引起的低蛋白血症都可以引起病理性水肿。病理性水肿比生理性水肿持续时间长，在母牛产后可能会持续数月甚至整个泌乳期。

2. 乳房水肿的分类

根据水肿的程度，可将奶牛乳房水肿分为轻度水肿、中度水肿、重度水肿。

（1）轻度水肿。症状不明显。一般水肿部位在乳房后部或底部，局限于 1 个或 2 个乳区，乳房局部明亮，无热无痛，指压留痕。

（2）中度水肿。症状明显。乳房明显肿大，水肿部位可以波及整个乳房，皮肤发红发亮，乳房下垂，指压留痕。

（3）重度水肿。症状很明显。患病奶牛精神不振，步态迟缓，整个乳房增大、严重下垂、红肿、坚实，水肿可波及乳房基底前缘、下腹、胸下、四肢，甚至乳镜、乳上淋巴结和阴门等部位，水肿部位乳房皮肤发红、发紫，甚至出现坏疽、血乳，引发乳腺炎，并且出现全身发热症状。

四、诊断

根据病史和症状不难诊断，但需与乳腺炎、乳房血肿、乳房脓肿进行鉴别。在全面检查、触诊以及对乳汁评估的基础上，排除乳腺炎、乳房血肿、乳房脓肿之后做出诊断。该病的特征是水肿按压留痕，特别是在乳房底部，严重时整个乳房都会按压留痕，并且经常伴随出现腹侧水肿。

1. 乳房水肿与乳房血肿的区别

泌乳期奶牛的乳房血肿常表现为乳房前部的软组织突然肿胀，干奶期的乳房血肿常见于阴户腹侧至乳房背侧之间的乳镜区出现极度肿胀，而且根据肿胀部位出现的量，触摸有波动、柔软或坚实 3

种情况，通常体温不升高，邻近乳区渐进、波动性肿胀，再结合渐进性贫血，通常可以确诊为乳房血肿。

2. 乳房水肿与乳腺炎的区别

轻度乳腺炎时乳房肿大不明显；而严重乳腺炎时，乳房肿胀明显，而且伴有局部温热、痛感、乳汁异常、体温升高、食欲减退或废绝。

3. 乳房水肿与乳房脓肿的区别

乳房脓肿可以出现在乳腺组织及其附近的任何部位，肿胀部位坚实、温热，触摸时肿胀部位与乳腺实质有区别，而且奶牛有疼痛感，可能引起奶牛发热。如果是感染造成的脓肿，常有厚的被膜包裹。

五、综合防控

大部分病牛产后乳房可逐渐消肿，不需治疗。对产前或产后乳房水肿严重的奶牛，应采取积极的治疗措施。治疗的主要原则是利水消肿，一般常用的利尿药物是呋塞米（速尿）或地塞米松-利尿合剂，可以口服、肌内注射、静脉注射；但需要注意的是使用呋塞米时，泌尿损失的钙会增加产前奶牛患低钙血症的风险；使用地塞米松-利尿合剂前，要首先排除使用皮质类固醇药的禁忌证。另外，治疗要点还包括维持电解质平衡、酸碱平衡、改善微循环；伴有乳腺炎者需用抗生素治疗。

1. 乳房水肿的治疗

（1）轻度浮肿时可在乳房上涂布刺激剂，促进血液循环，利于消肿。常用的刺激剂有樟脑软膏、松节油、碘软膏、20%～50%酒精鱼石脂软膏、己烯雌酚 20mg＋玉米油 10mL。

（2）轻度水肿时用呋塞米 15～30mL，肌内注射或者溶解在 250mL 0.9%氯化钠注射液中静脉注射，2 次/d。

（3）水肿严重时肌内注射呋塞米注射液15～30mL，2次/d；25%葡萄糖注射液500～1 000mL、10%水杨酸钠注射液150～200mL、10%氯化钙注射液150～200mL、25%硫酸镁注射液100～200mL、40%乌洛托品注射液100～120mL，青霉素钾800万～1 600万IU，分组静脉注射，1次/d。3%盐酸普鲁卡因30～40mL、0.9%氯化钠注射液500mL，静脉注射，2次/d。

（4）病情严重时在消除病因的同时，可使用防尿路感染（乌洛托品）及保护心脏与肝类药。青霉素钾1 600万～3 000万IU、安钠咖注射液50mL、维生素C注射液50mL、维生素B_1注射液60mL、肌苷注射液40mL、呋塞米注射液40～50mL、乌洛托品注射液40～50mL，10%葡萄糖注射液1 000mL，静脉注射，1次/d。在治疗过程中，水肿程度减退后，呋塞米的用量可逐渐减小。

发病后按摩乳房、增加热敷和挤奶次数、适当增加运动、减少精饲料和多汁饲料、适量减少饮水等均有利于消肿，使用50℃ 40%的硫酸镁热敷肿胀乳房，消肿效果明显。

2. 乳房水肿的预防

一般情况下，奶牛分娩前1周左右会出现乳房水肿，由于乳房水肿的发病原因很多，所以必须贯彻以防为先、防治并重的原则。

（1）干奶期。加强干奶期母牛的饲养管理，严格控制精饲料和钠盐、钾盐的喂量，加强运动，保证奶牛的干草采食量。同时，根据奶牛膘情和营养需要适当给予精饲料。$CaCl_2$可用于降低经产奶牛和初产奶牛分娩前日粮的阴阳离子差异，在分娩前日粮中添加$CaCl_2$没有降低乳房水肿的发病率，但是乳房水肿在泌乳早期的消除较迅速，尤其在初产奶牛中。分娩前3周给初产奶牛饲喂同样的基础日粮，增加$CaCl_2$（1.5 %，DM基础）或$CaCO_3$（2.17g $CaCO_3$），$CaCl_2$能够显著抑制乳房水肿。在产犊前2周，这种作用减弱了，但仍较明显。初产奶牛在分娩前补饲$CaCl_2$时，乳房水肿的发生和发展都更平缓。

内源性分子和外源性抗氧化剂对于抑制氧化应激有重要作用。因此，日粮中必须添加一定数量内源性分子，如 α-生育酚，以及外源性抗氧化剂，如酚类物质和黄酮类物质，作为终止氧化反应链的抗氧化剂，添加足够的硒形成谷胱甘肽过氧化物酶，添加足量的锌置换催化性的铁，足量的锰和锌能够稳定细胞膜结构和维持细胞的完整性。在产犊前 6 周添加维生素 E 1 000IU/（d·头），产犊后第 1 周乳房水肿发生情况减少。妊娠后期的青年奶牛采食维生素 E [1 000IU/（头·d）]、锌 [800mg/（头·d），即约 90mg/kg] 和铁 [12g/（头·d），即约 1 300mg/kg] 等多因子组合日粮，在不考虑日粮铁浓度的情况下，添加维生素 E 降低了乳房水肿的严重性，锌的添加没有作用。但是当铁过量时，维生素 E 对乳房水肿发病率没有降低作用，而锌有一定作用。维生素 E 和锌在抗氧化功能上具有互补性。

（2）分娩前后。在患地方流行性乳房水肿的牛群中评估阴阳离子平衡十分必要，测定项目包括病牛和健康牛的总钾、钠含量和血清生化指标。奶牛产后 2 周内日粮中精饲料量要减少，切忌日粮营养过高；补充维生素 E 和微量元素；接生和助产时要避免产道损伤；奶牛产后饮红糖麸皮水，以促进胎衣排出和子宫恢复；奶牛分娩后用 8%～10%的温硫酸镁溶液擦洗乳房并进行乳房按摩，3 次/d，15～30min/次，增加挤奶次数，直到乳房消肿能用机器挤奶为止。

第八节　青草痉挛症

青草痉挛症通常在泌乳早期奶牛采食高钾和氮、低镁和钠的牧草时发生（每升牛奶约从血液中吸收 0.15g 镁），这是最常见的发病条件，所以又称为低镁痉挛症、春季痉挛症或泌乳痉挛症。

一、发病原因

奶牛青草痉挛症的临床症状取决于低镁血症的严重性，这种疾病发生很快，如果伴随低钙血的发生，会更加严重。患病奶牛如果仍然缺镁的话，会影响 1～3 周的泌乳量。中等程度（0.5～0.75nmol/L 或 1.1～1.8mg/dL）的低镁血症会降低干物质采食量和产奶量，使奶牛精神紧张。在某些未被注意到的奶牛中，这会成为一个长期问题。该病也会引起产乳热的发生。尽管镁很重要，但没有与镁稳定直接相关的激素调节机制。

二、综合防控

当牛场中有 1 头奶牛发生青草痉挛症，就必须采取措施增加日粮镁的摄取量，预防更多损失的发生。每天给妊娠奶牛补饲 10～15g 镁，给泌乳奶牛补饲 30g 镁能够阻止进一步出现低镁痉挛症。大多数镁盐适口性差，MgO 的适口性最好，镁含量高且价格便宜，唯一的缺点是溶解度低，谷物日粮中 MgO 的添加量为 60g/kg。但谷物精饲料的成本以及给放牧奶牛饲喂精饲料出现的问题常使这项措施难以实施。饲喂离子载体，如莫能菌素和拉沙里菌素能够提高与钠有关的瘤胃镁转运系统的活性，使镁的消化率提高 10%。但是，离子载体在许多动物中禁止使用，目前已经开发出 150d 内持续释放离子载体的瘤胃缓释剂，可以为奶牛提供离子载体。

镁的瘤胃缓释丸储存在网胃中，每天释放低水平的镁（1.0～1.5g），一直持续 90d。一颗 100g 重的含镁 86%的缓释丸每天释放 1.0g 镁。一些生产者给每头奶牛放 2～4 颗缓释丸。实际上，尽管证实在有些情况下添加低剂量镁是有效的，但这些措施并不能供给足够的镁来提高奶牛血液中镁的含量。

第九节 乳脂率下降

日粮对奶牛的产奶量和乳成分含量都有显著影响，主要表现为乳脂率下降。降低乳脂率的因素有高水平的精饲料、切得过短的饲草和含大量多不饱和脂肪酸（PUFA）的日粮。

一、原因

饲喂高精饲料日粮或饲草切得太短而导致乳脂率下降时，乙酸物质的量上升。

1. 反式脂肪酸

反式脂肪酸（TFA）减少乳脂合成的机制是由于抑制了脂肪酸的从头合成。已经证实，乙酰辅酶A羧化酶（ACC）是乳腺内脂肪酸合成的限速酶，当饲喂高精料日粮时，则会显著降低乳腺中ACC、脂肪酸合成酶、硬脂酰辅酶A去饱和酶的活性。

2. 营养和生理应激

在妊娠期，胎儿干重呈指数增长。在妊娠的最后3个月，线性和非线性回归模式比指数模型更适合于描述胎儿干重、鲜重以及粗蛋白质与能量沉积，推测指数模型可能更适合于描述妊娠全期的胎儿生长，如胎儿很小的时期。在妊娠的最后阶段，胎儿生长速度接近线性关系，以从整个妊娠期获得的数据为基础建立的指数模型可能会高估妊娠后期的生长。胎儿的性别不影响生长速度。胎儿组织在妊娠第190天时占子宫重量的45%，在妊娠第270天时占80%。

3. 干奶期

围产期的一个重要特征是内分泌状态剧烈变化。这些变化为母牛的分娩和泌乳做准备。在奶牛由妊娠后期逐渐进入泌乳早期的过程中，血浆胰岛素浓度下降，生长激素浓度上升。在妊娠后期，血浆甲状腺素（T_4）浓度逐渐上升，产犊时下降 50%，然后又开始增加。三碘甲状原氨酸（T_3）也有类似的变化趋势，但没有 T_4 明显。雌激素，主要是胎盘来源的雌酮在妊娠后期浓度升高，产犊时迅速下降。在干奶期孕酮含量由于妊娠而升高，但在产犊前 2d 迅速下降。糖皮质激素和催乳素水平在产犊当天升高，分娩后的第 2 天回到分娩前水平。妊娠后期内分泌状态的变化和干物质采食量的下降影响了机体代谢，并且导致脂肪由脂肪组织动员、肝糖原由肝动员。血浆非酯化脂肪酸浓度在分娩前 2～3 周提高了 2 倍或更多，尤其是分娩前 2～3d，非酯化脂肪酸浓度迅速提高，直到分娩结束为止。血浆非酯化脂肪酸浓度的最初提高究竟是由于内分泌状态的改变还是由于干物质采食量造成的能量闲置而造成的目前还不清楚。在围产前期强饲可以减少非酯化脂肪酸浓度提高的幅度，但并不能完全消除。分娩前血浆非酯化脂肪酸浓度的提高至少有一部分是激素诱导的。产犊当天血浆非酯化脂肪酸浓度的增加估计是由产犊应激造成的。分娩后血浆非酯化脂肪酸浓度迅速下降，但仍然比产犊前高。

4. 葡萄糖

在围产前期，血浆葡萄糖浓度保持恒定或增加，产犊时迅速上升，随后立即下降。产犊时的暂时上升可能是由于血浆胰高血糖素和糖皮质激素增加促进储存的肝糖原消耗而引起的。虽然在分娩后乳腺由于乳糖合成对葡萄糖的需求持续不断，但是肝糖原开始重新储存，在分娩后 14d 开始增加。这可能反映出糖异生能力是为支持泌乳而加强的。

5. 血钙

血钙浓度在产犊前几天下降，血钙浓度受 PTH 和$1,25\text{-}(OH)_2D_3$的共同控制，这些激素在分娩前后对小肠、肾和骨骼对高钙需求的适应需要几天，因此血钙浓度通常在分娩后几天才回到正常水平。

6. 瘤胃乳头

在奶牛干奶期开始和结束时，瘤胃代谢发生改变，这些改变是营养而不是生理状态改变引起的。由高精饲料日粮向高纤维日粮的转变引起瘤胃微生物菌群和瘤胃上皮组织发生变化。高精饲料日粮促进淀粉降解菌生长，提高丙酸和乳酸产量；高纤维日粮促进纤维分解菌的生长和甲烷的产生，对丙烷和乳酸利用菌形成抑制。发酵的终产物会影响瘤胃乳头的生长，瘤胃乳头负责吸收挥发性脂肪酸。日粮谷物水平和瘤胃丙酸产量增加促进瘤胃乳头变长，高纤维日粮会使瘤胃乳头变短。在干奶的前 7 周，瘤胃乳头的吸收面积会减少 50%，增加精饲料饲喂量后，瘤胃乳头延长需要数周。因此，分娩后突然增加谷物会产生不良后果。在乳酸利用菌增殖以前，乳酸产量会增加。乳酸降低瘤胃 pH 的能力比挥发性脂肪酸强。挥发性脂肪酸在低 pH 情况下吸收速度加快。瘤胃乳头没有足够的时间生长，因此挥发性脂肪酸的吸收受到限制。

7. 免疫抑制

在围产期，奶牛的免疫力下降。中性粒细胞和淋巴细胞的功能受到抑制，其他免疫系统成员的血浆浓度下降。现在还不清楚为什么免疫系统受到抑制，但可能与奶牛的日粮营养和生理状态有关。雌激素和糖皮质激素是免疫抑制剂，临近分娩使其血浆浓度升高。由于临近分娩使干物质采食量下降，与免疫有关的维生素 A、维生素 E 和其他营养物质的摄入量减少。

二、妊娠期的营养需要

干奶牛需要营养物质用于维持胎儿生长和母体生长。析因法估计妊娠的营养需要量要求知道胚胎组织（胎儿、胎盘、胎液和子宫）中营养物质沉积的速度和日粮营养物质用于胎儿生长的效率。

1. 干奶牛营养物质进食量

营养物质进食量是干物质采食量和日粮营养物质浓度的函数。妊娠最后21d的干物质采食量用一个指数函数描述：

$$y=a+p\times e^{k\times t}$$

式中，y为干物质采食量占体重的百分数；a为时间趋向于$-\infty$时的非对称截距；p为分娩前由非对称截距得出的采食量下降值（kg）；$e^{k\times t}$描述了曲线的形状。时间（t）表示为妊娠天数280d。在模型评价之后（平均每天干物质采食量的观察值与预测值比较，平均标准偏差$=0.06\%BW^2$，平均偏差$=0.01\%BW$），利用原始数据和用于评价的数据共同预测妊娠期后21d的干物质采食量公式：

$$\text{初产奶牛：干物质采食量}（\%BW）=1.71-0.69e^{0.35t} \quad (1)$$

$$\text{经产奶牛：干物质采食量}（\%BW）=1.91-0.75e^{0.16t} \quad (2)$$

影响奶牛分娩前干物质采食量的因素还不清楚。体况过肥的奶牛在围产前期干物质采食量会逐渐下降，而过瘦的奶牛能够使干物质采食量维持较长时间不变，产犊前一段时间干物质采食量出现更急剧的下降。体况和分娩前干物质采食量的关系并不是因果关系。

日粮组成和营养物质含量可能会影响分娩前的干物质采食量。增加围产前期日粮的能量浓度或能量与蛋白质的浓度能够提高干物质采食量和能量摄入量；相反，生长母牛在初产前5个月内饲喂含35%精饲料的日粮时，分娩前10d的干物质采食量与同期饲喂含6%精饲料的奶牛相比较低，但是能量摄入量相同。

分娩时奶牛血浆中的许多激素含量急剧上升或下降，可能是干物质采食量的有效调节因素。例如，胎盘来源的血浆雌激素（尤其是孕酮）在临产时升高。外源注射雌激素可抑制干物质采食量，如在发情和妊娠后期，干物质采食量降低可能是由于内源雌激素增加的原因。

在围产期代谢紊乱会引起干物质采食量下降。患低钙血的奶牛分娩前的采食量下降。低钙血能导致肌肉韧度丧失，这可能对瘤胃功能产生不良影响，引起肠道痉挛和食糜流速的改变。较慢的食糜排空速度会对干物质采食量产生副作用。

2. 干奶牛日粮的能量和蛋白质浓度

配制围产前期的专用日粮能够减少泌乳早期发生代谢紊乱的危险，改善泌乳性能。奶牛日粮的营养浓度可以通过用析因法确定的营养需要量/干物质采食量预测值得出，虽然这种方法对大多数奶牛是合适的，但应用于围产期奶牛却存在问题，因为在妊娠后期干物质采食量和营养需要量变化较快，显然不可能根据每天的营养需要量变化不断地调整配方。另外，推荐围产期奶牛的日粮营养物质浓度时，还必须在分娩时对奶牛的生理状态、瘤胃微生物生态和营养物质的药物作用加以考虑。

（1）蛋白质。围产前期奶牛日粮粗蛋白质含量不应低于12%。饲喂粗蛋白质含量为12%的日粮为干物质采食量下降留有了一个安全范围。在整个干奶期饲喂含9%或11%粗蛋白质的日粮，可使分娩前奶牛干物质采食量更多，分娩后泌乳量也更高。给初产青年围产期奶牛饲喂粗蛋白质含量为12%的日粮，可提高干物质采食量，但不能满足其蛋白质需要。通过添加动物蛋白饲料使初产奶牛分娩前日粮的粗蛋白质含量由12.7%提高到14.7%后，泌乳性能得到改善。

乳腺生长的粗蛋白质需要不包括在模型中。关于妊娠后期乳腺生长、组成和可代谢蛋白转化为净蛋白效率的数据不足，因此难以准确预测乳腺生长的营养需要。但是如果每天增加460g蛋白促进围产期奶牛乳腺生长，乳腺组织的蛋白含量为10%，日粮粗蛋白质转化为可代谢蛋白和可代谢蛋白转化为组织净蛋白效率分别为0.7和0.5，则乳腺生长额外蛋白质需要量接近130g/d，这将使满足需要的日粮粗蛋白质含量增加约1%。

（2）生长的蛋白质和氨基酸需要量。通过干奶期日粮中加入瘤胃非降解蛋白（RUP）含量高的饲料使得日粮粗蛋白质含量超过12%，提高了青年奶牛的繁殖力，降低了经产奶牛酮病的发生率。在围产期使日粮蛋白质含量在12%～13%的基础水平上提高2%～4%，降低了奶牛分娩后的采食量或产奶量。产奶量不受分娩前日粮粗蛋白质含量的影响，乳蛋白率会随着分娩前日粮RUP的添加而提高。在围产期饲喂粗蛋白质含量为10.5%、12.6%或14.5%的日粮的奶牛，如果分娩后饲喂相同的日粮，它们的产奶量相似。添加限制性氨基酸可能比提高粗蛋白质含量或添加RUP更有效，但是妊娠奶牛的氨基酸需要量还未确定。在围产期奶牛日粮中添加瘤胃保护性氨基酸并未产生有益的作用，在分娩前或分娩后添加则会增加产奶量和提高乳蛋白。

（3）能量。NRC（1989）推荐的干奶牛日粮能量浓度为1.25Mcal NE_l/kg DM。1.25Mcal NE_l/kg DM对于干奶早期奶牛是足够的，但在围产期的最后1～2周，考虑到乳腺生长就显得不够了。初产奶牛干物质采食量较低。另外，还需要能量用于生长，因此1.25Mcal NE_l/kg DM在整个围产期内都是不够的。

围产期经产奶牛和初产奶牛的建议日粮能量水平为1.62Mcal NE_l/kg DM。以预测的干物质采食量为准，1.62Mcal NE_l/kg DM将不能满足围产期大部分时间内初产奶牛的能量需要，以及经产奶牛在产犊前最后几天的能量需要。但是建议日粮的能量浓度最好不要超过1.62Mcal NE_l/kg DM，因为饲喂能量浓度过高的日粮会使快速可发酵糖类摄入量增加得太多，从而会抑制瘤胃发酵和干物质采食量。支持饲喂高能日粮的理由如下：通过增加NFC含量提高能量浓度，能够使瘤胃微生物逐渐适应分娩后的高精日粮。挥发性脂肪酸产量的增加会促进瘤胃乳头的发育，增加瘤胃对脂肪酸的吸收。丙酸生成量增加会增加胰岛素分泌，减少对脂肪组织的动员和与脂肪组织有关的代谢紊乱的发生率。

第十节　胎衣不下

奶牛胎衣不下是常见的产后疾病之一。奶牛产后 12h 内未将胎衣完全排出，则称为胎衣不下（retained fetal membranes，RFM）。奶牛胎盘类型为子叶型胎盘。母体胎盘与子宫肉阜分离困难、分娩频繁、高度代谢造成机体负担加重，多种因素叠加易引起胎衣不下。胎衣不下发病率一般介于 6%～11%。国外的胎衣不下发病率一般介于 4%～13%；我国奶牛胎衣不下的发病率在 10%～31%，有些地区则达到 45%以上。胎衣不下治疗不及时还可诱发诸多产科疾病，如子宫内膜炎、子宫蓄脓等。同时，还会影响奶牛生产繁殖性能，子宫复旧延迟、妊娠率下降、泌乳量减少等。胎衣不下发病原因多样、复杂，如气候、营养、疾病、母体自身状况、胎儿情况等。胎衣不下的高发病率，给奶牛养殖业带来了严重的经济损失，直接影响生产水平和奶制品的生产加工。

一、发病原因

引起胎衣不下的原因是多重的，包括许多生理因素和营养因素。初产奶牛难产使胎衣不下的发病率增加了 3～4 倍。其他因素包括双胎、各种应激源、干奶期短、接触有害菌素等，或遗传因素、患产乳热，胎盘、肉瘤和绒毛叶的前列腺素 $PGF_{2\alpha}$ 含量太低，以及血液中其他类固醇、垂体和肾上腺激素分泌异常。分娩前后的免疫抑制也可能是一个重要因素。机体必需的营养物质与免疫功能有关，但是还没有弄清楚确切的机制和增强分娩前后的免疫机能所需的营养物质。

1. 饲养管理不当

（1）饲料霉变。储存饲料的环境空气不流通，加之饲料含水量较高，保管不当等情况，都会引起饲料霉变。奶牛，尤其是妊娠奶牛采食后，会提高胎衣不下的发病率。妊娠奶牛食用发霉的青贮饲料后，胎衣不下发病率达24.6%。因此，在饲料中按比例适量添加霉菌吸附剂，对此状况有所改善。

（2）日粮营养。胎衣不下的营养原因主要与产犊前6～8周饲喂的日粮有关。在这个阶段，能量、蛋白质、磷、钙、硒、碘、维生素D、维生素A、维生素E等营养物质不足，或日粮不平衡，以及日粮能量、蛋白质或钙过多都与胎衣不下有关。

（3）能量和蛋白质。日粮严重缺乏能量，或蛋白质、能量两者同时缺乏都能导致胎衣不下，因为奶牛身体虚弱，再加上产犊应激，没有足够的力量将胎衣排出。与采食高蛋白（15%）日粮相比，奶牛在整个干奶期饲喂低蛋白（8%）日粮时胎衣不下的发病率更高（50%/20%）。由于分娩前采食过多的能量引起的牛肥胖综合征（肝脂肪代谢障碍）也经常与胎衣不下发生率增加有关。

（4）钙。分娩前后的低钙血症（临床或亚临床）与胎衣不下有关。日粮钙、磷过多和维生素D_3缺乏都会影响分娩前后奶牛的代谢，导致低钙血发生。低钙血症会导致子宫肌肉韧性丧失，使胎衣不下的发病率提高。通过添加$(NH_4)_2SO_4$和NH_4Cl降低日粮阴阳离子平衡，降低了低钙血症同时也降低了胎衣不下的发病率。其他关于低钙血症预防的细节在产乳热章节有叙述。非泌乳妊娠牛对天然硒的表观吸收率在低钙（0.4%）和高钙（1.4%）日粮条件下较低，在日粮含0.8%的钙时吸收率最高，钙摄入量为30～200mg/（头·d）。即使大量的日粮钙降低了硒的吸收率，在产犊前14～21d饲喂含钙1.32%的日粮时，如果添加阴离子盐并口服硒3mg/（头·d），与饲喂含钙1.08%、不添加阴离子盐的日粮和不口服3mg硒的奶牛相比，并没有影响分娩前后奶牛或新生犊牛体内硒的含量。

（5）磷。胎衣不下的发病率与钙、磷代谢的不平衡有关。但是分娩前日粮的磷含量（0.30%DM、0.70%DM）对胎衣不下没有影响，磷摄入量与胎衣不下发病率的相关性很低。各处理组的日粮中钙浓度相同，钙的摄入速度与胎衣不下有相关性。

（6）硒和维生素E。过多的高度活性氧化物（如过氧化物和超过氧化物）能够造成细胞膜和其他细胞成分的过氧化损害，干扰正常的代谢功能，包括类固醇的正常生成。为降低过氧化损害，需要抗氧化的养分，如硒和维生素E。与没有发生胎衣不下的奶牛相比，在产犊前2周时发生胎衣不下的奶牛血浆总抗氧化物质含量较低。在围产期奶牛的日粮中添加足够量的抗氧化剂十分关键，这时血液中的维生素E含量在整个泌乳循环周期中最低。

日粮中添加硒和维生素E都可降低胎衣不下的发病率，改善奶牛的繁殖性能。给采食缺硒日粮（0.05～0.07mg/kg）的奶牛补饲硒能显著降低胎衣不下的发病率。硒和维生素E的联合使用比单独使用一种抗氧化剂降低胎衣不下发病率的效果更好。在产犊前28d内，注射15mg硒酸钾时，降低胎衣不下的发病率（10%）的效果略好于同时使用硒（15mg）和维生素E（680IU）的效果（2%），未注射硒或维生素E时的发病率为39%。在分娩前的一段时期内给那些血浆硒浓度处于临界缺乏状态的奶牛同时注射维生素E和硒降低了胎衣不下的发病率（注射和未注射的发病率分别为14.9%和25.4%），但对血浆硒含量足够或严重缺乏的奶牛没有效果。分娩前的日粮含硒0.035～0.109mg/kg时，在分娩前一次注射硒（2.3～23mg）降低胎衣不下发病率的效果与同时使用维生素E和硒时相当。在分娩前1周，给予奶牛低剂量的硒（2.3～4.6mg）似乎比高剂量的硒，对于降低胎衣不下发病率更有效果。在预产日前3周肌内注射50mg硒和680IU维生素E，只要提供足够量的维生素E，这种剂量的硒足以降低胎衣不下的发病率，但是单独使用任何一种营养物质降低胎衣不下和乳腺炎发病率的效果都不好。

当日粮中硒含量低于 0.06mg/kg 时，每头奶牛每天口服 1 000IU维生素 E 并不能降低胎衣不下的发病率和妊娠天数，除非奶牛在产犊前 3 周注射 0.1mg/kg（活体重）硒；当日粮中硒含量高于 0.12mg/kg 时，每头每天口服 1 000IU 维生素 E 可降低胎衣不下的发病率。预防性（硒）和终止性抗氧化剂（维生素 E 和 β-胡萝卜素）是协同作用的，如果一种或多种抗氧化剂营养物质不足，则整个抗氧化系统都会受到损害，在另一种抗氧化剂受到限制的情况下，添加某种抗氧化剂的效果要差一些。奶牛全价日粮法定的硒添加上限为 0.3mg/kg。

（7）维生素 A 和 β-胡萝卜素。维生素缺乏会提高胎衣不下的发病率。随着胡萝卜素摄入量的增加，胎衣不下的发病率下降。在产犊前 4 周内，与饲喂 240 000IU/d 维生素 A 的奶牛相比，每天每头补饲 600mg β-胡萝卜素降低了奶牛胎衣不下的发病率。

（8）碘。碘缺乏可提高胎衣不下的发病率。

（9）不正确干奶。对于产奶量还处于较高水平的奶牛，无论如何都不能采取全部断绝给料的方法（即只给水和干草）来达到干奶的目的。此法虽然断奶较快，但母牛常因饲料中能量不足继发明显的胎衣不下。

2. 养殖条件较差

妊娠奶牛饲养及分娩环境脏乱，以及饲养量较多、运动场面积较小、缺少光照等因素，都会导致子宫机能减弱，使其产后无法正常排出胎衣，从而发病。

3. 运动不足

妊娠奶牛运动量和时间对胎衣不下有很大影响。分娩前 1 个月开始，定时驱赶妊娠奶牛，有利于顺产，加快胎衣排出和子宫复旧。相同饲养条件下，舍饲胎衣不下发病率极显著高于开放式饲养。相同条件下，有运动场的养殖场的奶牛胎衣不下的发病率远低于没有运动场的。

4. 应激

应激与分娩奶牛胎衣排出时间紧密相关。分娩过程中会受到很多应激干扰。季节的变化对于胎衣不下的发生是一个很重要的应激因素。季节的更替、温差的变化，产生冷热应激。胎衣不下发病率，夏、秋季高于春、冬季，高温高湿会提高胎衣不下的发病率。即使是一个细微的干扰都将会导致分娩时胎衣排出拖延 3h 左右。混乱的环境同样会引起胎衣不下，而安静的环境下胎衣不下发病率明显降低。正常胎衣排出时，子宫收缩，大量血液从胎儿和母体胎盘释放出来，绒毛和黏膜腺窝之间的作用力减小，从而分离。然而，当有应激发生时，会抑制子宫收缩。热应激时，奶牛代谢紊乱，血管扩张，通往胎盘的血液增多，绒毛肿胀，使母子胎盘分离困难。人为因素方面的助产不宜过早介入。完整的分娩过程由神经、内分泌、免疫等多种调控相互协调完成。其中任何一个环节受到刺激，都不能充分发挥调控作用，最终引起子宫肌肉收缩无力，进而引起胎衣不下。

5. 异常分娩

对于母牛而言的流产、难产、助产等，对于胎儿来说的死胎、早产、双胎等，都会提高胎衣不下的发病率。流产和死胎发生时，胎盘上皮不能及时变性，雌激素不足，孕酮过高。胎盘上皮细胞的变性坏死是胎衣排出的必要条件，所以流产和死胎都会提高胎衣的不下发病率。早产同样会提高胎衣不下的发病率。难产会使胎衣不下易发，尤其是初产奶牛，此时分娩时间延长，肌肉疲劳，母子胎盘之间充血、水肿更加大了胎衣排出的难度。而当母畜怀有双胎时，极易引起胎衣不下，双胎分娩过程显著延长，母畜子宫过度扩张，长时间的分娩使分娩奶牛体力下降，疲惫，后期子宫收缩力减弱。

6. 年龄胎次

胎衣不下发病率会随母牛频繁妊娠而增高。分娩次数增多，必然会对产道有所损伤。子宫和阴道也会不可避免地被感染，导致子宫内膜炎的发生。年龄的增长、分娩次数的增多、日常泌乳，都会降低妊娠奶牛体质。子宫平滑肌收缩力随之减弱，导致胎衣不下发病率升高。

7. 疾病

胎盘发生病理变化时，胎儿胎盘绒毛无法从腺窝中脱离。常见的胎盘病理变化包括水肿、充血、炎症、坏死等。这些都会使绒毛和腺窝之间的血液无法排出。扩张压力始终存在，两者无法分离。子宫内膜炎、酮病、产乳热、布鲁氏菌病以及病毒、霉菌等感染都能引起子宫内膜及胎盘发炎，继而引起结缔组织增生，使胎儿胎盘与母体发生粘连，导致胎衣不下。

8. 产后子宫收缩无力

由于产前低钙血导致肌肉运动机能下降，从而导致产犊时子宫平滑肌收缩无力，致使产后出现胎衣不下（图 5-4）。出现低钙血后，骨骼肌、瘤胃平滑肌、乳头也会相应地出现一些问题，因此当出现胎衣不下时，也要关注其他疾病的发病情况。

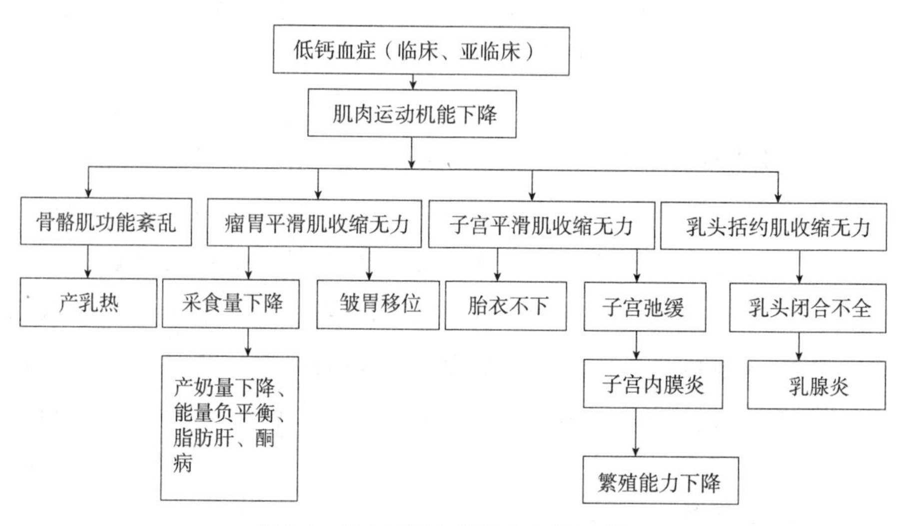

图 5-4 胎衣不下与其他疾病的相关性

二、发病机理

1. 母畜体况

子宫平滑肌收缩有力是胎衣顺利排出的保障。如果妊娠奶牛本身就体况较差、虚弱，则胎衣不下发生概率就会很大。或因难产等其他因素使体力消耗透支，致使子宫肌肉收缩无力，胎衣无法排出。胎衣排出后阵缩显著下降，甚至停止。奶牛子宫收缩无力是胎衣不下发生的原因之一。

2. 营养代谢紊乱

营养代谢与胎衣不下紧密相关，营养不平衡是胎衣不下的根本原因。胎衣不下发病奶牛分娩前后 12h 血清中钙和镁的浓度显著低于健康牛。血钙浓度低，子宫平滑肌收缩力减弱，神经、肌肉敏感性下降，引发胎衣不下。干奶期饲料中精饲料比例过高、分娩母牛超重均易导致胎衣不下。硒和维生素 E 水平也显著影响着胎衣不下的发病率，两者是维持免疫系统和体细胞完整的关键。

三、临床症状

1. 胎衣全部不下

母牛生产后，整个胎衣都滞留于阴道或者子宫内，有时可见阴门外有很小部分呈褐色、灰红色或者红色等颜色的胎衣，并散发明显的恶臭味。严重时甚至能够引发败血症。

2. 胎衣部分不下

大部分母牛生产后可见阴门外面悬垂有部分未排出的胎衣，基本不会整个在子宫内滞留。经过 3～4d，滞留的胎衣往往会发生腐败分解。此时，就会发生感染导致全身中毒。通常表现出体温升高、精神萎靡、食欲废绝、停止泌乳等，同时排出污红色的恶露，并散发腐臭味，严重时还会伴有产后败血症、子宫内膜炎等。

四、危害

胎衣不下严重影响着奶牛的繁殖性能和泌乳能力，还可引发其他产科疾病，如子宫内膜炎、子宫蓄脓等。推迟子宫复旧、奶牛发情，降低繁殖性能。若引发乳腺炎，则影响泌乳能力，经济损失严重。

1. 繁殖性能降低

胎衣不下很大程度上会诱发子宫内膜炎，降低繁殖能力，诱发率高达85%以上。原因在于子宫复旧延迟、推迟发情、淘汰率升高。胎衣不下影响的受孕指标包括受胎率、空怀时间、输精指数、卵巢囊肿和流产发病率。胎衣不下还会延长妊娠时间。

2. 泌乳能力下降

胎衣不下本身就会引起奶牛泌乳能力下降，而且还会继发乳腺炎。8%～13%的乳腺炎与之前的胎衣不下有关。

五、综合防控

胎衣不下病因的复杂性和不确定性，给防治带来了难度。尽管国内外研究人员一直在积极探究，但目前还没有可以完全治疗的方法。

1. 手术剥离

手术剥离曾因简单快速而被广泛应用。强制使母子胎盘分离，防止残留胎衣污染子宫内环境，加快子宫净化和产后恢复。但手术剥离容易对子宫造成损伤或者感染。若未剥离彻底，腐烂的残留部分会引发子宫内膜炎，并导致其他产后疾病的发生。临床治疗时，轻拉不能去除胎衣残留部分时，应放弃此疗法，以避免对子宫造成更大的伤害。具体手术剥离操作程序如下：

（1）剥离原则。手术剥离的原则是易剥则剥，较难剥则不允许强剥。剥离胎衣操作要做到“快（尽量在5～20min完成）、净（要求无菌操作，完全剥净）、轻（操作要轻，禁止粗暴）”，避免子宫内膜发生损伤。另外，如果病牛患有急性子宫内膜炎，且体温升高，则不可进行手术剥离。

（2）术前准备。术者穿橡胶围裙和长靴，对母牛的外阴及其周围进行清洗，再用0.1%～0.2%高锰酸钾液洗涤和消毒外阴部，之后向子宫内灌入10%氯化钠500mL。病牛尾根用绷带包缠好，并拉至一侧进行固定。

（3）剥离方法。剥离时，左手握住外露胎衣，右手顺阴道伸入子宫，寻找子叶（一般可剥就剥，不可剥则不剥）；先用拇指找出胎儿胎盘的边缘，然后将食指或拇指伸入胎儿胎盘和母体胎盘之间，将它们分离。剥离子宫角远端的胎衣比较困难，这时可轻拉胎衣，再将手伸向前下方迅速抓住尚未脱离的胎盘，即可较顺利地剥离胎衣。

（4）术后护理。手术剥离结束后，用虹吸管吸出子宫内的腐败液体，接着使用100mL 0.1%～0.2%的高锰酸钾溶液进行子宫冲洗，再肌内注射400U青霉素钠、200U链霉素，每天1次，连续使用3d。同时，每次配合肌内注射25mL地塞米松磷酸钠注射液。术后要观察病牛有无子宫内膜炎及全身症状，一旦发现及时用抗生素进行治疗。

（5）注意事项。手术剥离见效快，严格无菌操作一般无后遗症，但是如果消毒不严格、操作粗鲁反而会造成麻烦，严重时还会引起产后败血症。故做剥离手术时要注意以下几点：①严格消毒。消毒牛外阴，除去污血及粪便，外露胎衣也要用消毒液冲洗干净。术后手臂用0.1%高锰酸钾液浸泡后开始剥离。②掌握剥离时机。人工剥离胎衣在产后3～4d为宜。过早，由于子叶与子宫阜粘连很紧，剥离会使病牛大出血，而疼痛又会使病牛极度不安，进一步造成剥离困难。过晚，由于胎衣腐败导致子宫内积液腥臭、子宫内膜变薄而不易剥离。过晚使用剥离术最易出现剥离不净，日后使子宫内膜发炎，发情期延长，受孕率下降。③剥离要干净。剥离不净易导致子宫内膜炎及产乳热等疾病。④术后不要立即冲洗。有人主张术后即冲洗子宫，笔者认为这样不妥。因为剥离胎衣后母牛子宫阜刚与胎衣分离，最易感染。再者，如果冲洗，子宫尚处于弛缓状态难以导净冲洗液，高锰酸钾浓度过高还会伤害子宫内膜，影响其自净功能。所以，不冲洗才是上策，可注射促进子宫收缩的药物，如垂体后叶素等。⑤剥离后要向子宫内投药。由于剥离术者手臂出入子宫以及粪便污染，即使严格消毒仍会不可避免地将病原体带入子宫，所以主张术后子宫内投入子宫栓，或放置土霉素片等抗菌药物可以预防感染。

2. 子宫局部治疗

胎衣不下可以继发其他奶牛疾病，如子宫内膜炎。子宫内给药，治疗的同时还可以预防炎症的发生。治疗药物主要为抗生素和防腐抑菌药。子宫内灌注抗菌药是常用的治疗手法，虽然这种方法可以控制子宫内细菌，但同时也破坏了上皮细胞的变性坏死，会对胎衣的正常排出造成影响。常用的治疗药物之一是四环素类药物，其会抑制分解胎盘之间胶原结构的金属蛋白酶的活性，对胎衣正常排出造成干扰，只能浅层地改善症状，不能提高繁殖性能。从繁殖性能和长远效益角度出发，这种治疗不是最合适的。防腐抑菌药同样常用于临床治疗，也用来预防炎症发生、提高繁殖性能。臭氧因具有抗菌、抗炎等作用而广泛应用。对奶牛生殖道炎也有很好的治疗效果。子宫灌注臭氧，可有效减少流产、缩短空怀期，还可以提高产后再次受孕率，治疗胎衣不下效果理想。与抗菌药相比，这种方法避免了耐药性的产生，但是从根源上考虑，该方法也是主要防腐抗菌，预防炎症发生，并非针对胎衣不下的治疗。

3. 全身治疗

有些胎衣不下病牛伴有体温升高的情况，此时需要全身使用抗生素并输液。头孢噻呋可用于全身治疗和局部治疗伴有发热的胎衣不下病例。全身治疗相对于局部治疗，减少了抗生素的不必要重复使用，同时体温的变化也可作为了解奶牛分娩后恢复的指标之一。前列腺素和缩宫素常用于临床治疗，这两者主要是促进子宫收缩。分娩后 3h 应用缩宫素可降低胎衣不下发病率，并提高产后繁殖性能，促进子宫收缩、加快排空，有利于复旧。相对于胎衣不下，对于子宫弛缓的治疗效果更好，更常应用。尽管如此，恰当使用对胎衣不下治疗有一定效果。

4. 西药疗法

在母牛分娩结束后几小时内注射 3～5mg 麦角新碱，有利于排出胎衣，但要注意的是，由于胎盘粘连导致的胎衣不下使用麦角新碱没有效果。激素以垂体后叶素最为常用，在母牛分娩结束后的几小时内皮下注射或者肌内注射 50～100IU，能够有效促使子宫收缩，从而排出胎衣。另外，也可使用促使子宫收缩的激素来排出胎衣，如前列腺素等。在母牛分娩过程中，可用干净卫生的容器收集羊水放在阴凉处，待其分娩结束后灌服 300～500mL 羊水，有利于排出胎衣。

母牛分娩后可向子宫内注入 50～70mL 过氧化氢，过氧化氢能够渗入母体胎盘的腺窝内，有利于母体胎盘和胎衣分离。母牛分娩后，可向子宫内注入适量的高渗盐水，通过提高渗透压促使胎衣发生脱水、皱缩，从而与母体胎盘发生分离。

5. 中药治疗

胎衣不下的主治原则是“活血化瘀，行气利水”。使用生化汤，具有温经散寒、活血化瘀的作用，在治疗胎衣不下的同时还能提高繁殖性能，但见效时间相对较长。

6. 阴离子盐治疗

体液酸碱度对胎衣不下有着重要影响。碱性环境下会破坏

PTH的活性，使1,25-$(OH)_2D_3$合成受阻，从而使钙的重吸收受阻，最终减弱奶牛对钙的有效调控。采食添加阴离子盐的日粮后，奶牛体液变为酸性环境。尿液中的钙量增加，血钙浓度降低。启动体内钙的调节机制，促进PTH和1,25-$(OH)_2D_3$的合成释放，达到动用骨钙、稳定血钙浓度的目的。阴离子盐主要通过刺激骨钙动用、肾对钙的调节、影响小肠钙的吸收等途径防止低血钙发生。在分娩前后给奶牛饲喂含有阴离子盐的日粮，可以提高血钙的浓度。饲喂负DCAD日粮能够提高羟基脯氨酸浓度，刺激骨骼钙的动员。阴离子盐可提高肠道酸度，增强钙的吸收。妊娠后期和产奶开始时，降低DCAD可促使PTH所诱导的1,25-$(OH)_2D_3$合成数量增加，提高血钙浓度。在日粮DCAD负平衡的情况下，奶牛分娩时血钙浓度明显提高。因此，阴离子盐防治低钙血症的作用机理主要有2种途径。一种是阴离子盐使尿液中钙的排泄量增加，从而反馈性地引起PTH和1,25-$(OH)_2D_3$合成数量的增加，刺激骨钙的动用，预防低钙血症。另一种是导致消化道内pH下降，激活钙转运细胞受体的功能，促进肠钙的被动吸收，改善钙的吸收，在分娩时增强子宫肌肉收缩力，降低胎衣不下发病率。

第十一节　乳腺炎

奶牛乳腺炎（mastitis）是一种复杂的乳腺综合征，其特征是乳腺发生各种不同类型的炎症，表现为乳腺感染、乳腺炎症、乳房微循环和免疫障碍等。同时，乳汁的理化性质也发生变化。乳腺炎的发病率在奶牛疾病中占首位，给奶牛养殖业造成巨大的经济损失。

一、发病原因

乳腺炎严重威胁奶牛乳腺和机体健康，降低生产性能，其发病原因有很多，饲养环境和营养管理、神经内分泌变化、机械损伤、有害微生物感染等均可诱发乳腺炎，根本原因是乳腺抵抗外源微生物或有害物质的能力下降，导致乳腺发生炎症反应。奶牛围产期经历干奶—分娩—泌乳的剧烈变化，营养物质摄入不足，机体抗氧化和免疫力均下降，是乳腺炎的高发期之一。围产期奶牛脂质代谢异常旺盛，NEFA 在肝氧化供能过程中产生大量氧自由基，而此阶段奶牛抗氧化屏障较弱，这些自由基不能被及时清除，随血液循环到达身体各器官。随着泌乳启动，乳腺血液循环显著加快，自由基在乳腺蓄积，诱发氧化应激，损伤乳腺上皮细胞，降低乳腺抗氧化和免疫功能，最终导致乳腺炎发生。乳腺炎是病原体感染、环境因素、奶牛自身因素及遗传因素等综合作用的结果。乳腺炎的发病率通常会随季节而变化，往往在秋季最高，尤其是第 3、第 4 胎奶牛。而且，在 3～4 个泌乳月时和 9 个泌乳月以上的奶牛更容易感染乳腺炎。

1. 病原菌

根据来源和传播方式，造成奶牛乳腺炎的病原体主要分为环境性病原体和传染性病原体两大类。环境性病原体主要包括链球菌、铜绿假单胞菌、克雷伯菌、产气肠杆菌、沙雷氏菌，以及其他革兰氏阴性菌、酵母菌、真菌、化脓性放线菌、凝固酶阴性葡萄球菌等，它们通常寄生在周围环境中或牛体表皮肤上。传染性病原体主要有金黄色葡萄球菌、肠杆菌类、无乳链球菌、停乳链球菌、真菌等，它们主要通过挤奶工或挤奶机等传播。

（1）金黄色葡萄球菌。金黄色葡萄球菌（*Staphylococcus aureus*）是奶牛乳腺炎的主要致病菌，是非专性乳腺寄生菌，其传染源主要是被感染的乳房、乳头导管或损伤的乳头。然后是阴道、扁桃体以及躯体其他不健康的皮肤也可以成为传染源。金黄色葡萄球菌引起的临床型乳腺炎主要表现为高热，精神萎靡，食欲不振，乳区肿胀、坚实和疼痛。乳汁有絮状沉淀，静置一段时间后分为两层，上层水样，下层为沉淀。金黄色葡萄球菌也可以导致奶牛隐性乳腺炎，症状不明显，乳房和乳汁肉眼观察均正常，只有通过试验才能检测出乳腺的炎症变化。

（2）肠杆菌类。大肠杆菌（*Escherichia coli*）是最为常见的导致乳腺炎的肠杆菌。这种致病菌常来自牛粪及其污染的环境，舍饲奶牛尤为突出。由大肠杆菌导致的乳腺炎大多快速转变为临床型乳腺炎，尤其是免疫力低下的产后奶牛可引起急性乳腺炎。大肠杆菌型乳腺炎表现为整个乳区形成坚硬的肿块，能挤出灰黄色液体。

（3）无乳链球菌。无乳链球菌（*Streptococcus agalactiae*）是隐性乳腺炎的主要致病菌，很少导致临床型乳腺炎，是高度传染性专性乳腺寄生菌。无乳链球菌主要导致乳腺的慢性感染，并不引起明显的肿胀或纤维化，但可以长时间地降低产奶量。其传染源主要是乳房和乳头。

（4）停乳链球菌。停乳链球菌（*Streptococcus dysgalactiae*）是干奶期奶牛乳腺炎的主要致病菌。该菌能够混合感染损伤部位，并且能够增殖于损伤部位。由停乳链球菌引起的乳腺炎表现为发热、乳区肿胀、乳汁中有片状或块状凝块。

（5）真菌。真菌性乳腺炎主要是医源性感染，在抗生素存在的条件下其生长更加旺盛。另外，当多次使用抗生素后，奶牛乳头的正常菌群动态平衡被破坏，也可以引起真菌大量生长，从而导致乳腺炎。真菌引起的乳腺炎表现的症状个体差异较大。多数病例无明显临床症状，但产奶量迅速下降，并且持续 2 周左右。少数表现为发热，乳区扩散性肿胀、疼痛。乳汁有凝块或稍有絮状沉淀。但若病牛体温升至 40℃以上时，奶牛的食欲大减，消化机能严重受阻，甚至出现败血症。

2. 营养因素

奶牛日粮的突然改变或其中营养成分不平衡均会提高乳腺炎的发病率。如奶牛日粮中氮过高是诱发乳腺炎的常见因素之一。非蛋白氮（non-protein nitrogen，NPN）对奶牛白细胞或淋巴细胞至关重要，从而对奶牛免疫力有重要影响。但在日粮中非蛋白氮的使用必须与相应的糖类相结合，且不能过量；否则，血液中氨浓度升高引起氨中毒，反而使奶牛免疫力降低。粗饲料的质量对奶牛乳腺炎的发病率也有很大影响，变质的青贮、发霉的干草和含硫高的玉米淀粉渣等均能损伤白细胞，从而降低奶牛的免疫力。豆科牧草含有大量的雌激素类物质，可使育成牛乳房早熟，并且能够诱发环境性乳腺炎，因此增加日粮中苜蓿用量可以提高慢性乳腺炎的发病率。维生素和矿物元素的适量使用可以防止乳腺炎的发生，减少感染。如适量补充维生素 E 和微量元素硒可使奶牛免疫力增强，但硒的用量要严格控制在饲养标准范围内，剂量过大会引起中毒。由于铁与乳铁蛋白的含量有密切关系，因此铁对预防乳腺炎也至关重要。另外，日粮中钙磷比要合适；否则，也将导致奶牛肠杆菌性乳腺炎发病率增高。

3. 环境因素和管理因素

极端的天气或天气剧烈变化都对奶牛乳腺炎的发生有重要影响。如南方夏季的高温高湿，北方冬季的寒冷分别使奶牛产生热应激和冷应激，使奶牛机体免疫力下降，从而为乳腺炎的发生创造了条件。

牛舍和运动场设计不科学、采光差、环境死角多、奶牛运动场过小、不及时清理牛粪，尤其是雨季，牛体粘满粪便污物，从而为病原体快速生长创造了条件。科学的牛舍建设要结合当地的气候条件和牛场选址，设计牛舍的通风和采光。根据气温和湿度对通风和采光进行适当的调节，从而为奶牛提供舒适的温度和湿度。另外，牛舍内奶牛卧床的垫料对奶牛乳腺炎的发生也有很大影响。奶牛平均每天在卧床上休息 14h，尤其是散养式饲养，卧床不足、垫料质量和饲养管理方式对奶牛乳腺炎的发生产生极大的影响。如经过热处理的锯屑和刨花，稍有管理不善便容易引起大肠杆菌导致的乳腺炎暴发。目前常用的稻草容易受克雷伯菌污染而诱发乳腺炎。另外，挤奶操作不正确，挤奶设备不合理也会诱发乳腺炎。

4. 遗传因素

遗传是性状的基础，是奶牛乳腺炎发生的先天条件。同样的环境和条件，不同遗传来源的奶牛其乳腺炎的发病率也不同。奶牛乳房的结构和形态与奶牛乳腺炎的发生有着很高的相关性，如乳房的附着力、悬韧带是否强、前端是否延伸等，都与乳腺炎的发生有很高的相关性。

5. 奶牛自身因素

奶牛年龄、乳房大小、乳头形状和高度、乳腺管形态、乳头管分泌的免疫蛋白及白细胞免疫性能，都能影响奶牛对乳腺炎的抵抗力。另外，奶牛的遗传因素也在很大程度上影响着奶牛乳腺炎的抗性。

二、分类及症状

病原体感染是奶牛患乳腺炎的一个主要原因。其主要特点表现为乳腺组织发生病理学变化，乳汁发生理化性质及细菌学变化。奶牛乳腺炎的病症并不完全相同，根据乳房和乳汁的临床特征，奶牛乳腺炎可分为临床型乳腺炎（clinical mastitis）和隐性乳腺炎（subclinical mastitis）。根据病情严重程度，临床型乳腺炎又可分为超急性乳腺炎、急性乳腺炎、亚急性乳腺炎。隐性乳腺炎因乳房没有明显变化，牛奶质量看上去也正常。患临床型乳腺炎的奶牛，乳房肿胀，牛奶有片状、块状物，或呈水样。严重的症状有乳区敏感、乳房变硬、突然肿胀、发热以及产奶量下降。隐性乳腺炎的发病率远远高于临床型乳腺炎，临床型乳腺炎绝大多数都是由隐性乳腺炎发展而来的。急性乳腺炎的奶牛往往出现全身性疾病，食欲不振、腹泻、瘤胃活动减少并发热。慢性乳腺炎奶牛长期处于隐性乳腺炎状态，阶段性变成临床型乳腺炎。乳腺组织受损坏主要发生在变成临床型乳腺炎的时候。

1. 临床型乳腺炎

（1）超急性乳腺炎。超急性乳腺炎（peracute mastitis）奶牛多为高产奶牛，发病迅速，多发于一个乳区。乳房肿胀明显，皮肤呈紫红色，触诊热、硬、痛，无乳或呈水状。奶牛常表现精神萎靡，常卧，高热（40.5～41.5℃），呼吸加快，食欲不振，便秘或腹泻。

（2）急性乳腺炎。急性乳腺炎（acute mastitis）常由大肠杆菌或停乳链球菌引起，一般表现为体温正常或低热（39.5～40.5℃），精神和食欲一般正常，但乳房红肿热痛，触诊敏感，乳汁呈黄白色或黄色，有奶块，产奶量下降。

（3）亚急性乳腺炎。亚急性乳腺炎（subacute mastitis）常因急性病例未能及时治疗，乳腺呈渐进性发炎而导致。有反复发作的病史，疗效低，病期可持续长达数月，产奶量下降明显，重者乳汁静置不久分为上下两层，上层为水样，下层呈凝块。触诊乳池部分可摸到小硬块，病变后期乳腺内有绳索状物质，最后成为瞎乳头。病牛食欲、体温、呼吸和反刍均无明显变化。

2. 隐性乳腺炎

隐性乳腺炎（subclinical mastitis）是奶牛发生最多的一种乳腺炎。因其没有明显的临床症状常常被人们忽视而延误治疗，所以其带来的危害远远超过临床型乳腺炎。

三、危害

奶牛乳腺炎是奶牛乳房受到微生物、物理和化学等有害因素损伤而产生的一种炎症反应，是奶牛业发病率较高和经济损失较严重的疾病之一。对于乳腺炎，应及时治疗；否则，发病率往往会达到

60%以上。正是由于乳腺炎的感染率高及治愈率低的特点，其给奶牛业造成的经济损失才非常大。全世界平均每年因奶牛乳腺炎而造成的经济损失约为350亿美元，美国在20亿美元以上，我国约为135亿元人民币。乳腺炎造成的损失一般包括治疗费用、产奶量下降、牛死亡率和淘汰率的提高、废弃奶以及奶品质的降低等。其中，以奶产量降低造成的损失最大，占总损失的69%～80%。另外，在食品安全方面，奶牛乳腺炎也带来了很多问题，乳腺炎牛乳中很可能含有金黄色葡萄球菌、结核分枝杆菌、化脓性链球菌或布鲁氏菌等有害病菌，它们不仅能引起奶牛乳腺炎，而且还能使人患病，对人体危害很大。

四、诊断

临床型乳腺炎一般都比较容易做出诊断，因为临床症状都比较明显。隐性乳腺炎的症状并不明显，常常借助实验室方法进行诊断。最常用的方法是通过测定乳汁体细胞数（somatic cell count，SCC）可比较精确地判断乳腺炎的严重程度。乳汁体细胞数是指每毫升牛奶中所含的体细胞数量。当乳腺被病原体感染后，乳腺组织会出现大量白细胞，产生乳铁蛋白、溶菌酶和补体成分，对病原体进行巨噬和消化，引发抗体的形成。乳汁中的SCC增多主要是由于乳腺腺泡上皮组织出现病变使其脱落增多导致的。当SCC达到100万个/mL以上，就可以诊断为临床型乳腺炎。致病性乳腺炎通常是牛乳中SCC持续在40万个/mL以上；而环境性乳腺炎SCC只是在短期内升高，一般到40万～50万个/mL或以上。但由于这种方法比较烦琐，所以常常只用于实验室诊断。加州乳腺炎试验（California mastitis test，CMT）是目前世界各国普遍采用的一种方便快捷的奶牛隐性乳腺炎检测方法。除CMT外，间接测定体细胞的方法还有兰州乳腺炎检测、北京乳腺炎检测等。乳汁微生物培养鉴定法是诊断乳腺炎的标准方法，可以针对检测出的牛群乳腺炎病原菌，通过药敏试验挑选出敏感药物进行治疗。但对于非特异性隐性乳腺炎，乳汁中检测不出病原菌，并且尽管乳汁中存在着一些微生物，但这些微生物未必引发疾病。目前，酶学检测法越来越成为国内外奶牛乳腺炎检测的研究热点。当奶牛患乳腺炎后，乳汁中的一些酶，如乳酸脱氢酶、过氧化氢酶、*N*-乙酰基-*β*-*D*-氨基葡萄糖苷酶、黄嘌呤氧化酶、碱性磷酸酶、*β*-葡萄糖苷酸酶和乳酸过氧化物酶等活性发生变化。测定这些酶的变化间接反映出乳汁体细胞数的变化，从而对奶牛乳腺炎进行诊断。蛋白检测法是根据动物机体处于应激状态时产生应激反应的一个明显表现，即非特异性先天免疫成分中的急性期蛋白（acute period protein，APP）的增加而进行的。奶牛最为敏感的急性期蛋白是结合珠蛋白和血清淀粉样蛋白 A，所以可以测定奶牛血清或乳汁中的急性期蛋白的变化诊断其乳腺炎的严重程度。

乳腺炎和 SCC 之间的遗传相关为 0.3～0.98，乳腺炎遗传力为 0.02～0.04 或 0.02～0.06，SCC 的遗传力为 0.1～0.2，故 SCC 的遗传力显著高于乳腺炎的遗传力。通常患乳腺炎奶牛的乳汁导电率、pH 及氯化物含量等指标都高于正常值，可以据此对乳汁进行理化检测，来诊断是否患有乳腺炎。另外，PCR 技术也是检测乳腺炎的重要手段。

五、综合防控

1. 接种乳腺炎疫苗

接种奶牛乳腺炎疫苗的目的是增强奶牛机体免疫应答反应，从而能够快速阻挡、中和和杀灭入侵病原微生物。但乳房自身的特殊生理结构给有效的免疫接种带来一系列挑战。接种乳腺炎疫苗的奶牛的自愈率明显提高。目前，常用的多价灭活疫苗免疫方法主要有：妊娠母牛产前2个月首免，30d后进行二免，产后72h进行三免，产前3d禁用。正常泌乳牛在泌乳期免疫3次，每次间隔21d。

2. 规范挤奶操作

严格按照挤奶操作规程进行挤奶是预防奶牛乳腺炎的重要措施。先对健康奶牛进行挤奶，然后对有乳腺炎病史的奶牛进行挤奶，最后对患乳腺炎奶牛进行挤奶。清洗乳头分为淋洗、擦干和按摩3个过程。水温要控制在40～50℃，乳房清洗的面积不宜过大，以防脏物流下污染乳头，然后用消毒的毛巾擦干，要做到一头牛一条毛巾，然后按摩乳房，头3把奶要收集到指定容器内，一方面判断牛奶质量及奶牛乳房情况；另一方面防止污染。上述过程要在15～25s完成。前后药浴要到位，前药浴至少要在乳头上停留30s。挤奶工人要经过严格培训，挤奶严禁采用滑榨挤奶法，应采取规范的拳握式挤奶法。挤奶前要对挤奶器进行严格清洗和消毒。挤奶器应保持43.9～50.6kPa负压，频率为60～70次/min。

3. 保持环境卫生

保持环境卫生是减少大肠杆菌、真菌、病毒和沙门氏菌等环境性病原微生物的重要措施。这类病原微生物一般不能在乳腺内附着，但可以通过摩擦、碰撞和挤压等机械原因引起的创伤进入乳腺引起感染。因此，要避免牛舍内奶牛过于拥挤，并保持牛舍和运动场的清洁卫生。

4. 保持牛体卫生

乳头导管是乳腺炎病原微生物入侵的主要渠道。牛体上存在着大量的病原微生物，夏季可采用挤奶前喷淋的方法清洗掉大量的病原微生物，但其他季节唯一有效的方法就是乳头药浴，操作规范的前后药浴能使乳腺炎发病率降低50%～90%。

5. 饲养管理

随着遗传育种工作的不断进步和奶牛营养研究的不断深入，奶牛产奶量也日益提高，同时奶牛乳房的负荷也不断增大。从而使得奶牛机体抵抗力降低，乳腺炎的发病率不断提高。因此，除提高奶牛日粮中的能量和蛋白外，补充一定量的维生素和矿物质，如亚硒酸钠、维生素 E 和维生素 A 等都会降低奶牛乳腺炎的发病率。

6. 加强干奶期和围产期奶牛护理

做好干奶前奶牛的饲养管理，特别是控制高产奶牛的营养和饮水，对干奶前奶牛进行乳腺炎检测和治疗，确保干奶前奶牛无乳腺炎。最后一次挤净牛奶后向每个乳区注射长效抗菌药物，并连续7～10d 每天乳头药浴 1 次。围产期的奶牛，要注意日粮营养和饮水的调整，避免因过度水肿而导致的乳房损伤。在产前 7～10d 每天乳头药浴 1 次。

六、治疗

1. 抗生素治疗

到目前为止，抗生素仍然是治疗奶牛乳腺炎的一个重要方法。理想的采用抗生素治疗的方法是首先对患乳腺炎奶牛的乳汁进行病原菌分离，然后进行药敏试验，从而选择有效抗生素进行治疗。但是目前大多数牛场没有开展药敏试验的条件和技术，这样就使得抗生素使用的针对性不强，从而导致耐药菌株不断出现。抗生素使用剂量不断增加，抗生素残留问题也日益严重。氯霉素和红霉素是治疗奶牛乳腺炎的首选药物，但红霉素对乳腺有相对比较强的刺激作用。全身用药药物包括红霉素、大环内酯类、氟氯霉素、甲氧苄啶、土霉素、某些氟喹诺酮和利福平，用药后在乳房中有较高的分布；乳腺内用药包括红霉素、大环内酯类（壮观霉素除外）、氨苄西林、海地西林、阿莫西林、新生霉素、利福霉素和氟喹诺酮等，用药后在乳房内均有较好分布。治疗中要按泌乳期和干奶期分别用药，泌乳期可用氨氯林、强安林进行乳房灌注，药物与乳腺组织直接接触可起到显著的治疗效果。干奶期可在最后一次挤奶后每个乳区灌注一支氨氯林，如果上个泌乳期有乳腺炎，可在干奶第 20 天每个乳区重复灌注 1 支，可以有效预防干奶期乳腺炎和下一个泌乳期的乳腺炎。

2. 中药治疗

中兽医认为乳腺炎即乳痈，是痰、湿、气、血郁结不散化而为炎。因饲养管理不善，久卧湿热之地，湿热毒气上蒸，侵害乳房。或因胃热壅盛，肝郁气滞，乳络失畅以致乳房气血凝滞，瘀结而生痈肿。或因牛犊吸乳时咬伤乳头，邪毒入侵引起痈肿。或因病牛拒绝挤奶，使乳汁停滞，乳房胀满等原因导致此病。因此，中药方剂的组方以清热解毒、抗菌消炎、通经活血、消肿止痛、活络通乳为原则。常用清热解毒药、活血祛瘀药、解表药和利湿药，同时辅以补益、理气等药物，以补气升阳、扶正祛邪，从而达到治疗奶牛乳腺炎的目的。目前，主要用药方法有全身用药的散剂和煎剂，局部用药的乳房外敷药膏和乳池注射剂等。

3. 生物疗法

（1）抗体缀连技术。美国和法国科学家合作筛选出一种能与金黄色葡萄球菌膜上的一类分子结合的单抗体，并运用化学方法将 2 个单抗体缀连起来。当双抗体分别注入乳腺后，抗体一端与病原微生物结合，另一端与中性粒细胞结合，同时释放出抗菌消炎剂过氧化氢，随着细菌活性的减弱，乳腺炎症消失。

（2）水蛭疗法。水蛭素具有抗凝、抗水肿、止痛和预防血栓生成、降低血管痉挛和小动脉压、提高组织供氧、使免疫系统活化、抑制病原微生物等作用。用于治疗母牛隐性乳腺炎时，一个疗程治疗 3 次，每次间隔 24h，用药 7d 可有效治疗隐性乳腺炎奶牛，疗效可达 100%。

（3）细胞因子。目前，研究最多的控制奶牛乳腺炎的细胞因子（cytokines，CK）主要有 γ-干扰素、白细胞介素-2 和集落刺激因子。注射 γ-干扰素的奶牛乳腺炎发病率和严重性均降低。乳房内灌注白细胞介素-2 与头孢菌素可大幅度提高干奶期葡萄球菌乳腺炎的治愈率；集落刺激因子对金黄色葡萄球菌感染有较好的疗效。

第十二节　子宫内膜炎

子宫内膜炎是造成奶牛不孕的一种常见的繁殖系统疾病，在中兽医中属于湿热带下范畴。带下症是奶牛产后常见病，临床可见奶牛阴道流出黏液，其色黄白或赤白相杂，绵绵不断，其形如带，故称带下症。常见的带下症有白带、赤带，或赤白相间等。该病能够引起子宫黏膜发生炎症反应，从而产生细菌毒素以及炎性因子，对奶牛的子宫活动周期进行干扰，从而导致子宫的内环境发生改变而影响精子活率，降低胚胎的着床率，进而使奶牛难孕或者不孕，给奶牛的生产性能造成非常大的影响，最后甚至会导致奶牛死亡。当前子宫内膜炎是制约奶牛养殖业发展的主要疾病之一，近年来在世界范围内影响巨大。

在英国所有患不孕症的奶牛中，子宫内膜炎占 95%；俄罗斯患不孕症的奶牛占适龄母牛的 10%左右，其中子宫内膜炎是主要病因；德国奶牛子宫内膜炎造成的经济损失占所有繁殖疾病的 50%左右；美国每年因不孕症或繁殖疾病淘汰近 12.19%的奶牛，子宫内膜炎发病率达 53%，占淘汰牛总数的 52.37%。我国奶牛子宫内膜炎的发病率为 20%～50%，是引发奶牛不孕症的主要病因，其中产后 18～38d、21～32d、32～52d、60d 内子宫内膜炎发病率分别为 38%、26.6%、19%、32.6%。

奶牛患子宫内膜炎后繁殖力降低，泌乳量降低，为了使奶牛生产力恢复正常，需要投入大量人力与财力。美国每年因奶牛不孕症损失近 2.5 亿美元，欧盟每年因奶牛子宫内膜炎损失近 14 亿欧元。在一个泌乳期内，包括子宫内膜炎在内的产后疾病会造成经济损失

285 美元/头；奶牛一旦患子宫内膜炎，空怀期将延长到 80～110d，每天将造成 2～2.25 美元的经济损失。因此，了解牛子宫内膜炎的发病因素和流行规律，寻求好的预防方法和治疗药物，减少其带来的经济损失是目前亟待解决的问题。

一、发病原因

奶牛子宫内膜炎的常见原因是难产、助产、胎衣不下，或人工授精、胚胎移植时由于子宫损伤，或分娩时子宫颈张开，病原菌感染导致子宫内膜炎。除此之外，奶牛发生阴道炎、子宫颈炎或其他器官的炎症也可以继发子宫内膜炎。

1. 病原微生物感染

感染子宫的病原微生物最常见的是化脓性链球菌、葡萄球菌和大肠杆菌。按照奶牛分娩后不同病原菌引起子宫内膜炎的严重程度，将常见致病菌分为 3 类：

（1）公认的子宫病原菌，包括大肠杆菌、化脓隐秘杆菌、产黑色素普氏菌和坏死杆菌。这一类细菌引起的子宫内膜炎往往最为严重，与子宫内膜损伤有直接关系。

（2）潜在的子宫病原菌，包括金黄色葡萄球菌、非溶血性链球菌、粪肠球菌、地衣芽孢杆菌、多杀巴氏杆菌等。这一类细菌在分娩后子宫内最为常见，与子宫内膜炎的发生关系密切。

（3）条件性污染菌，包括克雷伯菌、凝固酶阴性葡萄球菌及微球菌属细菌。这类细菌一般不会引发子宫内膜炎，但在奶牛自身免疫力低下或子宫局部免疫水平低下时，同样可引发子宫内膜炎。另外，一些真菌、病毒、支原体和寄生虫也会引起奶牛子宫内膜炎。胎毛滴虫可在牛生殖道中长期生存，一些寄生虫病流行的地区也会出现寄生虫引发的子宫内膜炎病例。由于引起奶牛子宫内膜炎的病原种类复杂，在不同时间、不同地域分离到的病原种类也大不相同，这可能与不同地区的气候、饲养条件和用药情况有关。

2. 日粮营养失衡

奶牛产后日粮营养不均衡会影响奶牛机体的抗病力，继而诱发子宫内膜炎。饲粮中缺乏维生素 A 和微量元素硒可导致子宫内膜细胞角质化增生，奶牛摄入的糖类、钙、磷不足可能诱发胎衣不下等产后疾病。另外，奶牛日粮中蛋白质供给不足，在产后 40d 发生子宫感染类疾病的比率比饲喂正常日粮的奶牛高。母牛产前营养过剩容易造成肥胖综合征，容易引发难产，产后 7～14d 发生子宫内膜炎的概率明显升高；在产前营养摄入不足也同样会影响奶牛繁殖效率。对产后母牛进行体况评分，体型偏瘦的母牛在产后 20d 内发生子宫内膜炎的概率偏高，体型偏肥的患病概率更大。

3. 环境因素

奶牛饲养过程中，管理方式不规范，畜舍、产舍卫生条件差，消毒不到位，滥用抗菌药和抗生素，环境潮湿或温度过高过低等，都会引起奶牛免疫力降低诱发子宫内膜炎。此外，奶牛产后阴门松弛，卧地时黏膜翻露，接触到外界污物导致上行感染，这也是引起子宫内膜炎的重要原因。春季奶牛子宫内膜炎发病率最高，而秋季的发病率最低，奶牛子宫内膜炎的发病率与季节有明显关系。牛子宫内膜炎的发生与光照和运动也有密切关系。牛若长期舍饲，在光照不足、缺乏运动的情况下，子宫内膜炎发病率约为 69.57%；在光照充足、运动场较大的牛场，子宫内膜炎发病率为 38.89%。

4. 继发性因素

子宫内膜炎常继发于围产期的产科疾病，人为引产、助产、子宫检查和剥离胎衣时，容易造成奶牛产道机械性损伤和胎衣滞留。频繁的人工输精或灌注药物会损伤子宫黏膜，子宫防御屏障被破坏，继而诱发子宫感染。引起奶牛子宫内膜炎的因素均与奶牛生殖道损伤或机械保护屏障被打破有关。

5. 内分泌因素

奶牛的激素代谢水平与子宫内膜炎的严重程度密切相关。在卵泡期，激素分泌提高了子宫防御机能，而黄体期则抑制了激素分泌，子宫抵抗力下降，黄体持续存在容易发生子宫内膜炎。产后1～3周发生子宫内膜炎或子宫复旧不全的奶牛体内的前列腺素$PGF_{2\alpha}$及其代谢产物水平较高，而且会维持很长时间，而$PGF_{2\alpha}$与孕酮（P_4）的水平存在相关性。卵泡生成素（FSH）、黄体生成素（LH）、雌二醇（E_2）和P_4等分泌紊乱，是引起子宫内膜炎的重要原因之一。

6. 遗传因素

某些基因型的奶牛抵抗力较低，如黑色杂种牛的发病率比红色草原种牛高近2倍。奶牛子宫内膜炎有中等程度的遗传性。

7. 免疫机能

正常情况下，奶牛子宫可通过机械性保护屏障和免疫功能起到自我净化的作用。当奶牛产后感染严重、子宫收缩力减弱和抵抗力下降时，子宫自我净化能力下降，使侵入的病原体不能顺利排出，蓄积于子宫腔内引起子宫病理变化。病牛免疫系统上的差异可能是引起子宫内膜炎的主要原因。

8. 氧化应激

正常情况下，动物机体的氧化能力和抗氧化自由基的能力始终处于平衡状态，氧自由基不会对机体造成伤害。奶牛由于产犊、泌乳等应激因素的影响，机体耗氧量增加引起呼吸爆发，释放大量的氧自由基，这些氧自由基破坏子宫上皮细胞的结构和功能，使奶牛易患子宫内膜炎。许多疾病，如癌症、免疫性疾病、炎症等都与氧化应激有关。

二、发病机理

子宫黏膜表面上皮细胞排列组成的黏膜屏障，可以阻碍潜在的有害抗原和病原体。当其受到损伤时，病原体就会进入机体内环境，进而造成组织感染。虽然黏膜屏障对防御病原体入侵是必不可少的，但是它们尚不能完全独立完成对入侵病原体的有效防御，因此先天性免疫系统构成的第 2 道屏障是必不可少的。动物机体能将其先天性防御机制集中于病原体入侵位置，并在此发生一系列炎症反应。当子宫发炎时，伴随着病原体入侵造成的组织变化与损伤，引起血液增加和细胞聚集。这些聚集的细胞有中性粒细胞和巨噬细胞，它们能够破坏大部分入侵病原体，从而制止它们向其他部分扩散。若入侵病原体被清除，参与炎症的细胞还能修复损伤的子宫组织。然而，先天性免疫机制并不能提供最大限度的机体防御，这时就需要获得性免疫系统发挥作用。它能识别外源入侵病原体并清除它们，同时保留免疫记忆，如果动物第 2 次遇到相同的病原体，机体可以迅速做出反应将其清除。机体的体液免疫针对细胞外或外源性病原体的入侵，细胞免疫主要针对侵害细胞的细胞内或内源性入侵者。通过免疫细胞及分泌的细胞因子（cytokine，CK）激发机体免疫应答产生免疫球蛋白(immunoglobulin，Ig)，从而达到净化子宫的目的。总之，奶牛免疫系统的功能与子宫内膜炎的发病机制有复杂的关系，但具体机制尚待进一步系统地研究。

三、分类

奶牛子宫内膜炎一般按照其临床症状和病程分为产褥期子宫内膜炎、临床子宫内膜炎和隐性子宫内膜炎。

1. 产褥期子宫内膜炎

产褥期子宫内膜炎发生在奶牛产后 4～10d，是产后早期细菌感染，多伴发于产后胎衣不下、难产、死胎或双胎生产等。病初奶牛精神沉郁，体温升高，出现大量赤褐色水样状恶露，有恶臭气味，子宫壁变薄，后期流出少量脓性分泌物，子宫复旧延迟导致子宫内容物滞留，由于炎症反应子宫壁出现水肿变厚；严重病例伴有全身症状，如体重下降，精神呆滞，还可伴发高热等；产道检查阴道黏膜、子宫颈外周黏膜充血肿胀，直肠检查可触及子宫壁增厚、子宫角增粗、收缩反应减弱、子宫体有波动感。

2. 临床型子宫内膜炎

产褥期子宫内膜炎没有完全恢复，可能导致临床型子宫内膜炎的发生。在奶牛产后3周内，出现子宫扩增异常，病牛有水样，并且带有恶臭的红棕色子宫分泌物排出，并伴有全身症状：高热（体温高于39.5℃），产奶量下降，出现浊音或毒血症；或无全身症状，但出现子宫异常增大，黏膜水肿，血管充盈，产后3周甚至更长时间内可能在阴道中检测到以脓汁为主（脓汁＞50％）的子宫分泌物，或在产后4周左右，阴道检查发现有脓汁和黏液各约占50％的子宫分泌物。子宫蓄脓与子宫内膜炎密切相关，子宫蓄脓发生于产后的第1次排卵和黄体形成之后。直肠触诊或直肠超声检查，子宫明显增大，子宫颈呈关闭状态，子宫内的脓性内容物不能排出，此为临床型子宫内膜炎和子宫蓄脓。

3. 隐性子宫内膜炎

隐性子宫内膜炎是一种慢性黏膜炎症反应，在奶牛产后大约50d或者以后发生，子宫无肉眼可见变化，阴道和直肠检查均无异常，能够正常发情，但出现屡配不孕。子宫内无病理性的分泌物。冲洗子宫，静置回流液后出现少许沉淀，或偶见絮状漂浮物，若要确诊，需通过细胞学方法来检查采集的子宫内膜样本，计算子宫分泌物中中性粒细胞的比例进行诊断。

四、影响因素

目前认为子宫内膜炎的病因包括血液代谢成分和激素水平。

1. 血液代谢成分

（1）β-羟丁酸（BHBA）。β-羟丁酸反映肝脂氧化程度，奶牛产后第1～2周的血清BHBA浓度>1.2mmol/L时子宫内膜炎发病率增加3倍多；产后1周血清BHBA浓度>1.2mmol/L是判断患子宫内膜炎的阈值；奶牛产后第1周血清BHBA浓度较高时，后期会患子宫内膜炎；患子宫内膜炎奶牛产后4周内血清BHBA浓度较高。

（2）天冬氨酸氨基转移酶。天冬氨酸氨基转移酶（aspartate transferase，AST）是判定肝细胞损伤标准。AST也可作为诊断子宫内膜炎、判定炎症严重程度的指标。AST活性的增加不仅与子宫内增加的菌株和妊娠晚期氨基酸代谢的变化有关，而且与奶牛分娩子宫平滑肌受到损伤有关。产后患有子宫内膜炎的奶牛AST活性高于健康奶牛。在产后7d临床子宫内膜炎奶牛血清中AST活性显著高于健康奶牛。产后第2、第4、第6周AST水平越高，子宫内膜炎发病率就会越高。正常奶牛AST活性产后1周达到峰值，随后下降趋于稳定。

（3）尿素氮。高浓度的尿素氮（plasma urea nitrogen，BUN）通过以下几个方面影响子宫生理活动：①破坏子宫内环境酸碱值，影响胚胎的存活率。②抑制前列腺素$PGF_{2\alpha}$的产生。③促进黄体生成素（LH）与受体细胞的结合，产生孕酮（P_4）。BUN浓度的变化，影响奶牛繁殖性能，产前高浓度的BUN可降低患奶牛子宫内膜炎的风险。患有临床子宫内膜炎的经产奶牛在产后第5周BUN浓度较低，而初产奶牛在产后1周BUN浓度较高；在产后2周、4周、6周、7周，子宫内膜炎奶牛BUN浓度低于健康奶牛；胎衣不下继发子宫感染而发生子宫内膜炎。在产后7～22d患胎衣不下的奶牛BUN浓度高于健康奶牛，呈先升高后下降的趋势。

2. 激素水平

（1）雌激素与孕酮。雌激素（estrogen，E_2）提高机体对催产素（oxytocin，OT）的敏感性，刺激子宫肌的生长及肌动球蛋白的合成，利于内容物排出，降低子宫炎性损伤，提高子宫抵抗力。P_4 促进子宫内膜上皮组织及肌层的增生和分化，抑制子宫收缩，导致子宫内膜炎发生。当物理屏障子宫黏膜受到损伤时，子宫内膜上皮细胞对其进行修复。E_2 和 P_4 可调控 Wnt/β-catenin 信号通路的活性，使子宫内膜的增生、分化保持稳定。而在子宫内膜组织重建过程中，P_4 抑制 MMP，使 MMP-9 胶原酶表达量降低，胶原降解能力减弱，造成子宫复旧延迟。E_2 不仅能够调节子宫内膜组织中结缔组织生长因子（connective tissue growth factor，CTGF）基因的表达，而且能促进前列腺素 PGE_2、$PGF_{2\alpha}$的分泌，达到修复子宫内膜组织、调控子宫活动力的效果。

（2）前列腺素。子宫内膜不仅是前列腺素的作用部位，而且在其他激素与物质作用下，产生不同的前列腺素，调控子宫的收缩与舒张。前列腺素 $PGF_{2\alpha}$通过促进子宫收缩、组织细胞更新、清除恶露来促进子宫复旧。前列腺素 PGE_2 响应细胞特异性创伤、刺激、病原体感染或信号分子，同时发挥稳态、炎症或抗炎反应。PGE_2 通过激活子宫内膜上皮细胞中的 Toll 样受体 2（toll-like receptor2，TLR2）/核因子 κB（nuclear factor kappa-B，NF-κB）信号传导途径来增强三酰脂肽（triacyllipopeptide）诱导的炎症反应。当外界病原体侵入子宫时，机体内 PGE_2 含量显著上升。患子宫内膜炎奶牛的 $PGF_{2\alpha}$水平极显著低于健康奶牛。健康奶牛在产后 0～7d $PGF_{2\alpha}$水平处于上升阶段，且子宫内膜炎奶牛 $PGF_{2\alpha}$水平高于健康奶牛，在产后 8～10d 子宫内膜炎奶牛和健康奶牛 $PGF_{2\alpha}$水平均下降。

（3）FSH 与 LH。FSH 与 LH 配合协同诱导排卵。其中，FSH 浓度的上升、下降与卵泡波的出现、优势卵泡的选择有关；而 LH 浓度和脉冲频率受 P_4 和 E_2 循环浓度的影响。奶牛在产后 2～3 周 FSH 处于较高水平，LH 浓度在第 3 周开始上升。产后

13～25d，正常奶牛的FSH浓度高于子宫内膜炎奶牛；子宫内膜炎奶牛FSH浓度在产后第15天降到最低，然后开始缓慢升高。子宫内膜炎奶牛产后4周内恢复较差，可能是细菌内毒素或脂多糖抑制促性腺激素释放激素（gonadotropin releasing hormone，GnRH）、LH的释放，造成内分泌紊乱导致的。

五、诊断

1. 临床诊断

（1）分泌物观察。阴道分泌物的评估被视为一种有效、简单和非侵入性的方法，特别是对于现场诊断。鉴定方法是根据恶露颜色、类型及排出量来判定奶牛是否患有子宫内膜炎。

（2）直肠检查。直肠检查是将手伸入直肠内，隔着肠壁触诊奶牛子宫位置、形状、大小、敏感性来判断子宫疾病的发生，是最基本可靠的临床诊断方法。因其方便、快捷，在兽医实践领域广为应用。临床子宫内膜炎的子宫角增大，子宫壁增厚，子宫收缩反应减弱，子宫体有波动感。慢性子宫内膜炎的子宫壁增厚，弹性减弱，厚薄不均。但由于奶牛品种与人为主观判断的差异，直肠检查只能作为一种辅助手段来诊断子宫内膜炎。

（3）阴道检查。

①手套掏取检测法。产后10d，检查人员戴上手套掏取分泌物进行检查。进行阴道检查前，先将奶牛外阴清洗干净，触诊者手戴干净手套，将长臂手套涂满润滑剂后伸入奶牛阴道，至少停留30s以上，对侧面、腹面和背面阴道壁至宫颈口进行触诊，在每头奶牛阴道前端和子宫颈外口，手动取出阴道内容物进行观察，对阴道分泌物评分（vaginal secretion score，VDS）进行分类。子宫内膜炎奶牛阴道分泌物评分见表5-2。

表 5-2　子宫内膜炎奶牛阴道分泌物评分

评分	子宫内膜炎判定	阴道分泌物判定
0	无	无明显黏液
1	无	清澈白斑黏液
2	中等	50%白色霜状脓液
3	中等	>50%的白色乳膏或血性脓液且伴随发热症状
4	严重	恶露排放且伴随发热症状

②产后 4 周，利用阴道内窥镜或 Metricheck 方法检查。阴道内窥镜（Speculum）检查是诊断临床子宫内膜炎的有效诊断工具，是借助手电筒目测是否有阴道分泌物。Metricheck 法是一种新型的诊断方法，对奶牛子宫内膜炎的检出率（47.5%），显著高于阴道内窥镜法（36.9%）和手套掏取检测法（36.8%）。

这些方法通过观察黏液进行子宫内膜炎的诊断。当子宫颈肿胀充血、有触痛时为急性子宫内膜炎；当子宫颈松弛，黏膜充血，宫颈口张开，有白色、灰白色或淡黄色的黏稠渗出物流出时，为慢性子宫内膜炎；当黏液厚、透明、呈条带状且无异味时，为奶牛处于自我净化恢复的过程；当分泌物薄或透明且无异味时，则奶牛处于健康状态。

（4）超声检查。产后早期可以应用超声监测子宫复旧，在监测期间根据子宫超声形态学测量指标变化辅助诊断奶牛是否患有临床子宫内膜炎和慢性子宫内膜炎等。超声检查子宫及其内容物也可诊断隐性子宫内膜炎。通过将探头伸入直肠对子宫进行超声探查，对子宫内膜厚度、子宫角直径、卵巢等进行观察，判断子宫内是否有积液及积液量，子宫腔内的少量液体是子宫内膜轻度炎症的征兆。B 超对诊断子宫内膜炎、子宫蓄脓等较为准确。子宫内膜炎，宫腔膨胀、轮廓不清并伴有部分回声，存在片状物；子宫蓄脓，宫体增大，子宫壁清晰，宫腔内存在液性暗区。直肠超声测量子宫内液体评分见表 5-3。

表 5-3 直肠超声测量子宫内液体评分

评分	子宫内膜炎	子宫内液体判定
0	无	无流体或无回声
1	轻度	少量不连续性高回声（薄<1mm）
2	中等	持续高回声（薄 1mm）
3	严重	子宫内有大量内容物，超声图像显示子宫内部为散着的白色斑点

2. 实验室诊断

白细胞计数检查：通过直肠按摩，反复刺激子宫颈使其分泌黏液，采集黏液后涂片，用 95%乙醇固定，吉姆萨染色，在油镜下检查 100 个视野，对白细胞进行计数，根据白细胞数量判断子宫内膜炎（表 5-4）。

表 5-4 用白细胞计数判断子宫内膜炎

项目	子宫内膜炎判定	子宫颈黏液白细胞计数（个）
阴性	−	<10
阳性	+	11～30
	++	31～80
	+++	81～150
	++++	>150

尿蓝母检查：因为子宫中细菌可将色氨酸分解产生吲哚类物质，所以可将子宫颈分泌黏液和 4%NaOH 溶液各 2mL 加入玻璃小瓶中，使其充分混合，在酒精灯上加热至沸腾，冷却后依据液体颜色判定：无色判定为阴性（—），缓慢变成微黄色判定为可疑（±），呈柠檬黄色判定为阳性（+）。

含硫氨基酸检查：由于子宫中细菌可分解含硫氨基酸，在子宫分泌物中产生含硫物质。可在试管中加入 4mL 0.5%醋酸铅溶液，再加入 1.0～1.5mL 的奶牛子宫内容物与 14 滴 20%的 NaOH 溶液，使之充分融合，微微加热 3min。若试管溶液呈现深褐色或黑色则判定为阳性。

子宫冲洗液性状检查：取子宫冲洗回流液，静置后若冲洗回流液中出现沉淀或絮状漂浮物则为隐性子宫内膜炎；若冲洗回流液呈淘米水样则为慢性卡他性子宫内膜炎；若冲洗回流液呈面汤或米汤状则为慢性卡他脓性子宫内膜炎；若冲洗回流液呈现黄色脓状物则为慢性脓性子宫内膜炎。

pH 检查：取子宫分泌物用 pH 试纸测试，pH 介于 7.5～8.5 判定为阳性（+），pH 小于 7 判定为阴性（－）。

精液试验：将载玻片加热到 38℃，在载玻片上分开滴 2 滴精液，再将被检奶牛的子宫分泌物滴入其中 1 滴精液中，盖上洁净盖玻片，在显微镜下进行检查。若子宫分泌物中的精子运动迟缓或停止运动，则可判定被检奶牛患有子宫内膜炎。

尿液组胺检查：由于致炎因子可使奶牛子宫内膜中的肥大细胞受到刺激而产生大量组胺类物质，一部分可进入血液循环，最终经尿液排出。可取 2mL 奶牛尿液加入试管，再加入 1mL 5%硝酸银溶液，置酒精灯上煮沸 2min，若试管内出现黑色沉淀，即可判定为阳性（+），若出现褐色或颜色更淡的沉淀，则可判定为阴性（－）。

乳中孕酮含量检测：正常奶牛乳汁中，孕酮含量有规律性周期变化，而患子宫内膜炎奶牛的乳汁中孕酮含量无规律性变化，波动较大且呈现脉冲式变化，在奶牛发情后孕酮含量可上升到最大值。

子宫组织检查：对子宫内膜组织进行活检，可提高子宫内膜炎诊断的准确性。但活检对奶牛子宫伤害较大，故可通过采取子宫灌洗的方式检查灌洗液中的中性粒细胞所占比例来判断奶牛是否患子宫内膜炎。将灌洗液涂片置于显微镜（400×）下观察，计数 200 个细胞，计算中性粒细胞所占比例。若产后 22～33d 中性粒细胞≥18%、产后 34d 中性粒细胞≥10%，可判定为临床子宫内膜炎。

3. 细胞学检查

细胞学检查是通过细胞刷或子宫灌洗获得奶牛子宫内膜细胞样

本，根据其计数细胞中多形核粒细胞（polymorphonuclear，PMN）的百分比，判断奶牛是否患有亚临床型子宫内膜炎。细胞学检查比超声检查、阴道镜检查和直肠触诊检查更准确，是诊断子宫内膜炎最可靠的技术。但由于其昂贵耗时，所以临床应用较少。该方法诊断奶牛产后150d时隐性子宫内膜炎的敏感性为14.3%，特异性为84%。

六、综合防控

奶牛子宫内膜炎的发生多是由条件性致病菌引起，难产、低钙血、胎衣不下、自身代谢紊乱等产科疾病也是奶牛子宫内膜炎的主要诱因，因此要提前做好预防。

1. 提高饲养管理水平，严格遵守操作规程

奶牛不同生长阶段所需的营养不同，尤其是奶牛在干奶期能量高，硒水平低，容易导致奶牛生产时免疫力降低而诱发感染，要及时调整日粮中矿物质和维生素的含量。平时应加强饲养管理，做好奶牛舍卫生，及时清扫消毒，保持干燥。在人工授精时应严格按照无菌规程操作，输精用的器械要彻底消毒后使用，且操作时要注意动作轻柔，防止划伤阴道和子宫黏膜。

2. 加强奶牛产后护理和保健

奶牛在临产前应进行健康检查，单独饲养，做好接产准备工作。奶牛产后可静脉注射葡萄糖酸钙、缩宫素，以预防低钙血症和胎衣不下等产后疾病。要密切关注恶露排出的情况。坚持早发现、早治疗，避免拖延转化为慢性子宫内膜炎或引起其他并发症。

七、治疗

引起奶牛子宫内膜炎最主要的病因是子宫内发生病原体感染。

因此，治疗奶牛子宫内膜炎，首先是抗菌消炎，修复受损的子宫内膜；其次是对症治疗，如解热镇痛、强心利尿、促使子宫内的病理产物尽快排净、缓解酸中毒。在对症治疗的同时，还应加强饲养管理，保证奶牛舍环境卫生，改善日粮质量，增加运动和光照时间，以提高机体抗病力和子宫自净力。治疗奶牛子宫内膜炎的方法有很多，根据用药种类，可分为抗菌类药物治疗、生物制剂治疗、激素类治疗、中药治疗等；根据治疗机理，可分为中医治疗、西医治疗、生物学治疗和激光治疗；根据治疗部位，可分为局部治疗和全身治疗等。

（一）子宫局部疗法

子宫局部疗法包括子宫冲洗、子宫灌注和子宫填塞等。子宫内没有炎性分泌物时，可直接进行子宫灌注或填塞治疗；如果有炎性分泌物，则要先行子宫冲洗治疗，然后再进行药物灌注或填塞。

1. 子宫冲洗治疗

冲洗子宫是治疗急性子宫内膜炎和慢性子宫内膜炎的一种物理方法，可辅助子宫尽快排出炎性分泌物，净化子宫。但冲洗量和冲洗次数需根据子宫内膜炎的具体情况而定。因为子宫在病理状态时受到过多刺激反而会降低防御力而加重炎症，当发生纤维素性子宫内膜炎或子宫内膜炎发展到败血症或脓毒败血症时，要禁止子宫冲洗；否则，会加重感染扩散。常用的子宫冲洗液有3%～10%的生理盐水、0.05%的氯己定（洗必泰）、0.05%的新洁尔灭、0.1%的高锰酸钾、0.1%～0.2%的雷佛奴耳等溶液。冲洗液的水温控制在40～42℃为宜，若有出血现象，可用1%明矾或1%～3%鞣酸等冷溶液进行灌注。冲洗子宫时应严格遵守无菌操作规程。冲洗子宫最好是利用自然的宫颈口开张时期，若子宫颈关闭可注射甲酸雌二醇20mg促使宫颈张开，不可强行插管。冲洗子宫的时间可选择在奶牛运动前后，可加强子宫收缩，以顺利排净冲洗液。冲洗子宫后，根据实际情况向子宫内灌注药物或投放栓剂等。

2. 子宫灌注治疗

子宫灌注主要是采取向子宫内灌注抗菌类药物，以达到消炎杀菌的目的。常用的抗菌类药物有非甾体类抗炎药、碘制剂、生物制剂、中药汤剂等，其相关疗法如下：

（1）非甾体类抗炎药疗法。非甾体类抗炎药通过抑制前列腺素合成来减少疾病。使用抗菌、补液方法治疗子宫内膜炎时注射氟尼辛葡甲胺，病牛体温降低、子宫复旧加快、生殖性能改善。

（2）碘制剂疗法。碘制剂的治疗效果也较好，一方面具有杀菌作用；另一方面还能促进子宫平滑肌收缩，排出子宫内炎性分泌物，加强子宫自净能力，但也有学者认为使用碘制剂可能会降低奶牛的生产性能。

（3）生物制剂疗法。生物制剂不仅抗菌谱广，可抑杀多种病原体，而且无毒副作用、无残留，是一种理想的治疗药物。常用的生物制剂有微生态制剂、细菌脂多糖、高免血清、中性粒细胞提取物等。溶菌酶对球菌、杆菌、螺形菌等有抑制杀灭作用，剂量为10万～40万IU/次的溶菌酶和金霉素同时治疗子宫内膜炎，溶菌酶的治愈率为82.35%～88.24%，受胎率为75.38%；金霉素的治愈率仅为56.25%，奶牛经溶菌酶治愈后，产后至初配的时间大大缩短，溶菌酶的治疗效果明显优于金霉素。脂多糖（lipopolysaccharide，LPS）作为新型的免疫促进剂，能增强奶牛自身免疫反应，提高其抗感染能力，具有调节合成抗菌物质的作用。

（4）中药汤剂疗法。中药作为治疗子宫内膜炎的药物，具有天然绿色、无抗无残留的独特优势，是目前关注的焦点。中药具有安全、低毒、休药期短的特点，除了具有抗菌作用外，还有活血化瘀、增强机体防御能力的作用。它不仅可以解决抗生素治疗后的药物残留问题，而且能够弥补使用抗生素后细菌耐药性增加的缺点。

以益母草、赤芍、当归、炒香附等几味中药自制而成的促孕散对子宫内膜炎、卵巢囊肿等的治疗效果很显著，治愈率达89%以上。用中西药复方乳剂治疗奶牛子宫内膜炎治愈率、有效率分别为83.33%和95.83%。利用益母生化栓治疗奶牛子宫内膜炎，治愈率达100%，受胎率为87.5%。用中药生化汤煎剂（组方：当归、川芎、白芍、炮姜、蒲公英、金银花、连翘、甘草）治疗奶牛子宫内膜炎有效率达78.5%；鱼腥草灌注液对轻度、中度、重度3类子宫内膜炎的有效率分别为94.5%、81.2%和63.8%。

3. 子宫填塞药物治疗

子宫填塞药物治疗是指将药物制成各类栓剂，经子宫颈填塞入子宫的治疗方法。此法的优点在于操作方便，有效降低子宫应激。用生理盐水冲洗子宫后，每天将氯己定（洗必泰）栓剂2～3粒放入病牛的子宫腔中，连续治疗3～5d，有效率100%，治愈率87.5%；将中药提取物、聚维酮碘和细菌脂多糖分别制成中药栓剂、复方碘栓剂和生物栓剂，对奶牛子宫内膜炎进行治疗，收到较好的疗效，其载药量大、给药方便，是一种理想的药物剂型。

（二）全身抗菌治疗

当子宫内膜炎病牛感染严重，出现全身症状时，除了子宫局部用药外，还应结合全身疗法。肌内注射或静脉注射抗生素和激素，辅以解热镇痛药，并补充糖、盐以缓解酸中毒。在全身治疗时，可使用麦角新碱、催产素、新斯的明、垂体后叶素、甲氨酰胆碱等促进子宫收缩，加快子宫内容物排出。虽然对子宫内膜炎均可采取全身抗菌治疗，但因为奶牛体较重，用药量大，由此产生的费用过高，加之使用抗生素后乳产品需废弃，造成巨大的经济损失，所以此方法一般很少在生产中应用。

（三）激素疗法

激素可以通过增强奶牛机体免疫力，促进子宫收缩而达到治疗子宫内膜炎的目的。主要有 $PGF_{2\alpha}$、催产素（OT）。$PGF_{2\alpha}$可以刺激子宫平滑肌收缩，增加血液的供应，防止病原体的侵入。产后早期注射 $PGF_{2\alpha}$，对子宫内膜炎的治愈率为77%～81.1%，能改善子宫生殖功能。OT 可以促进子宫收缩，对治疗子宫内膜炎具有积极作用。

激素是机体产生的具有生物调节活性的蛋白质。动物自身就能够分泌激素。激素治疗奶牛子宫内膜炎主要是外源性激素调节了内分泌的功能，促进子宫平滑肌收缩加速炎性分泌物排出，从而改善炎症程度。治疗奶牛子宫内膜炎的激素主要有前列腺素、雌激素、催产素等。已发现缩宫素、己烯雌酚、雌二醇、前列腺素（PG）等通过促进子宫收缩、加快局部血液循环、增强机体免疫力促进子宫炎性分泌物的排出，达到治疗子宫内膜炎的目的。PGE 和 PGF 在炎症反应和调控发情周期的过程中发挥了重要作用，二者合用能较好地改善子宫内膜炎。使用 $PGF_{2\alpha}$治疗泌乳后 21d、35d、49d 患亚临床子宫内膜炎的奶牛，可提高奶牛产后首次发情受胎率。孕酮浓度显著升高可能抑制子宫肌的收缩。用氯前列烯醇等配合抗生素治疗奶牛子宫内膜炎，其治疗效果优于抗生素疗法，且提高了病牛的受胎率。雌二醇和孕酮能调节子宫内膜上皮细胞因子的表达，这为激素预防及治疗子宫内膜炎提供了依据。

奶牛在发情期间子宫的抗感染能力强于非发情期间，这是因为发情期母牛体内雌激素激增，雌激素可促进子宫收缩，提高平滑肌紧张度，促进子宫分泌物排出，增加中性粒细胞数量，进而增强子宫防御感染的能力。因此，激素可用于亚急性子宫内膜炎和慢性子宫内膜炎的治疗。临床上常用的激素类药物有氯前列烯醇、芬前列林、前列他林、雌二醇、催产素等，以上激素可促使母牛发情，加速子宫供血，减轻感染。给产后 9～10d 的母牛注射己烯雌酚，可明显增加奶牛子宫内的中性粒细胞、单核细胞和淋巴细胞数量，有效增强奶牛的非特异性免疫，预防子宫内膜炎。目前，雌激素已经很少在临床上使用，因为雌激素残留在动物源性食品中会对人体健康造成不良影响。

（四）激光治疗

自 20 世纪 80 年代，我国专家学者就已经开始对激光照射穴位治疗子宫内膜炎的方法开展了研究，并取得了一定成果，治愈率达 82.7%，有效率达 98%。将激光治疗应用于临床，用频率 10～2 000Hz，功率 0.1～5W，波长 870～970μm 的激光，每天照射病牛直肠 2～3min，连续治疗 6～8d，治愈率达 92.2%。将激光配合药物一起治疗效果将更加明显。

（五）其他疗法

一些轻度的、慢性的子宫内膜炎可采用保守疗法。例如，隔着直肠，从子宫角到子宫颈管进行按摩，可促进子宫的血液循环和平滑肌收缩，促进子宫内病理产物排出。此外，还有交巢穴注射抗生素、胸膜外封闭等，都可作为辅助治疗方法。

参 考 文 献

安泓霏，2020. 宁夏地区牛子宫内膜炎流行病学调查及组方泡腾栓的研制［D］. 兰州：甘肃农业大学.

郭健，2020. 临朐县奶牛蹄叶炎的流行病学调查及瘤胃菌群变化初步研究［D］. 长春：吉林大学.

郎咸政，2011. 荷斯坦母牛乳腺炎相关基因多态性研究及其与体细胞评分的相关性分析［D］. 杨凌：西北农林科技大学.

李宝栋，2010. 围产前期日粮不同 DCAD 和钙水平对奶牛生产性能和钙代谢的影响［D］. 呼和浩特：内蒙古农业大学.

李玉，2014. 奶牛酮病氧化应激致肝细胞凋亡的信号转导机制研究［D］. 长春：吉林大学.

卢德勋，2004. 系统动物营养学导论［M］. 北京：中国农业出版社.

卢德勋，2016. 新版系统动物营养学导论［M］. 北京：中国农业出版社.

刘大森，姜明明，2015. 围产期奶牛健康指标体系和营养代谢研究进展［J］. 饲料工业，36：1-4.

刘兆喜，2013. NEFA 和 BHBA 对酮病奶牛氧化应激状态的影响［D］. 长春：吉林大学.

刘兆喜，朱晓岩，王建国，等，2012. 奶牛酮病的研究进展［J］. 中国畜牧兽医，39（4）：204-207.

刘南南，2014. 日粮碳水化合物平衡指数和延胡索酸对山羊瘤胃发酵、微生物区系和甲烷产生的影响［D］. 杨凌：西北农林科技大学.

乔彦杰，2019. 奶牛子宫炎早期预警及中药治疗对部分激素、子宫形态学的影响研究［D］. 石河子：石河子大学.

苏华维，曹志军，李胜利，2011. 围产期奶牛的代谢特点及其营养调控［J］. 中国畜牧杂志，47（16）：44-48.

孙博非，余超，曹阳春，等，2018. 过瘤胃蛋氨酸对围产期奶牛代谢及健康的调控作用及机理［J］. 动物营养学报，30（3）：829-836.

孙菲菲，2017. 胆碱和蛋氨酸对奶牛围产期营养平衡和机体健康的影响及机制［D］.

杨凌：西北农林科技大学.

孙玉成，2006. 围产期奶牛肝 VLDL 组装与分泌主要相关蛋白基因表达的调控［D］. 长春：吉林大学.

伍喜林，杨凤，2002. 离子平衡的营养学原理及其在畜禽生长中的应用（续）［J］. 贵州大学学报，21（4）：291-298.

王建国，2013. 围产期健康奶牛与酮病、亚临床低钙血症病牛血液代谢谱的比较与分析［D］. 长春：吉林大学.

王艳明，2010. 日粮脂肪和能量水平对奶牛氧化应激、生产性能的影响及抗氧化剂添加效果研究［D］. 杭州：浙江大学.

吴文旋，段永邦，李胜利，2013. 饲粮阴阳离子差对围产期奶牛酸碱平衡、血浆钙浓度及抗氧化应激的影响［J］. 动物营养学报，25：856-863.

熊桂林，付志新，曹随忠，等，2010. 奶牛围产期血清脂肪代谢、肝脏功能和氧化指标的变化［J］. 畜牧兽医学报，41：1039-1045.

徐明，2007. 反刍动物瘤胃健康和碳水化合物能量利用效率的营养调控［D］. 杨凌：西北农林科技大学.

姚军虎，2013. 反刍动物碳水化合物高效利用的综合调控［J］. 饲料工业，34：1-12.

叶耿坪，刘光磊，张春刚，等，2016. 围产期奶牛生理特点、营养需要与精细化综合管理［J］. 中国奶牛，313（5）：24-27.

叶耿坪，张晓峰，王文丹，等，2018. 富硒和过瘤胃胆碱新型添加剂对围产期奶牛生产性能及健康状况的影响［J］. 动物营养学报，30（3）：1073-1083.

战永波，2010. 治疗奶牛乳房炎蒙药复方的筛选及其抗炎免疫机理的研究［D］. 呼和浩特：内蒙古农业大学.

张廷青，2014. 张博士实战解析——奶牛高效繁殖［M］. 北京：化学工业出版社.

张保军，2019. 奶牛子宫炎早期预警及中药治疗对部分免疫抗氧化指标的影响研究［D］. 石河子：石河子大学.

张璐莹，2015. 奶牛胎衣不下病因调查及阴离子盐防治效果的研究［D］. 大庆：黑龙江八一农垦大学.

邹苏萍，郝宁，陶焕青，等，2018. NEFAs 在酮病奶牛脂肪动员以及氧化应激中的作用［J］. 生物学杂志，35（3）：99-117.

Abdelli A，Raboisson D，Kaidi R，et al，2017. Elevated non-esterified fatty acid and β-hydroxybutyrate in transition dairy cows and their association with reproductiveperformance and disorders：a meta-analysis［J］. Theriogenology，93：99-104.

Abdelmegeid M, Vailati-Riboni M, Alharti A, et al, 2017. Supplemental methionine, choline, or taurine alter in vitro gene network expression of polymorphonuclear leukocytes from neonatal Holstein calves [J] . Journal of Dairy Science, 100: 3155-3165.

Abuelo A, Hernandez J, Benedito J, et al, 2013. Oxidative stress index (OSi) as a new tool to assess redox status in dairy cattle during the transition period [J] . Animal, 7: 1374-1378.

Caputo O R, Sailer K J, Holdorf H T, et al, 2019. Postpartum supplementation of fermented ammoniated condensed whey improved feed efficiency and plasma metabolite profile [J] . Journal of Dairy Science, 102 (3): 2283-2297.

Clanton R M, Wu G, Akabani G, et al, 2017. Control of seizures by ketogenic diet-induced modulation of metabolic pathways [J] . Amino Acids, 49 (1): 1-20.

Elek P, Gaal T, Husveth F, 2013. Influence of rumen-protected choline on liver composition and blood variables indicating energy balance in periparturient dairy cows [J] . Acta Veterinaria Hungarica, 61 (1): 59-70.

Enemark J M D, Jorgensen R, Enemark P S, 2002. Rumen acidosis with special emphasis on diagnostic aspects of subclinical rumen acidosis: a review [J]. Veterinarija ir Zootechnika, 20 (42): 16-29.

Esposito G, Irons P C, Webb E C, et al, 2014. Interactions between negative energy balance, metabolic diseases, uterine health and immune response in transition dairy cows [J] . Animal Reproduction Science, 144 (3-4): 60-71.

Erb H N, Smith R D, Oltenaw P R, et al, 1985. Path Model of reproductive disorders and performance, milk fever, mastitis, milk yield, and culling in Holstein cows [J]. Journal of Dairy Science, 68: 3337-3349.

Gessner D K, Schlegel G, Ringseis R, et al, 2014. Up-regulation of endoplasmic reticulum stress induced genes of the unfolded protein response in the liver of periparturient dairy cows [J] . BMC Veterinary Research, 10 (1): 46-46.

Goff J P, 2000. Path physiology of calcium and phosphorus disorders [J] . Veterinary Clinics of North America Food Animal Practice, 16: 319-337.

Goff J P, Horst R L, 1998. Use of hydrochloric acid as a source of anions for prevention of mills fever [J] . Journal of Dairy Science, 81: 2874-2880.

Gonzalez L A, Manteca X, Calsamiglia S, et al, 2012. Ruminal acidosis in feedlot cattle: Interplay between feed ingredients, rumen function and feeding behavior (a review) [J] . Animal Feed Science and Technology, 172 (1-2): 66-79.

Gordon J L, Leblanc S J, Duffield T F, 2013. Ketosis treatment in lactating dairy cattle [J] . Veterinary Clinics of North America-Food Animal Practice, 29 (2): 433-445.

Goselink R, Van Baal J, Widjaja H, et al, 2013. Effect of rumen-protected choline supplementation on liver and adipose gene expression during the transition period in dairy cattle [J] . Journal of Dairy Science, 96, 1102-1116.

Jeong J K, Choi I S, Moon S H, et al, 2018. Effect of two treatment protocols for ketosis on the resolution, postpartum health, milk yield, and reproductive outcomes of dairy cows [J] . Theriogenology, 10653-10659.

Li P, Li X, Fu S, et al, 2012. Alterations of fatty acid β-oxidation capability in the liver of ketotic cows [J] . Journal of Dairy Science, 95 (4): 1759-1766.

Lima F, Sá Filho M, Greco L, et al, 2011. Effects of feeding rumen-protected choline on incidence of diseases and reproduction of dairy cows [J] . The Veterinary Journal, 193: 140-145.

Liu L, Li X W, Li Y, et al, 2014. Effects of nonesterified fatty acids on the synthesis and assembly of very low density lipoprotein in bovine hepatocytes in vitro [J]. Journal of Dairy Science, 97 (3): 1328-1335.

Mann S, Leal Y F A, Wakshlag J J, et al, 2018. The effect of different treatments for early-lactation hyperketonemia on liver triglycerides, glycogen, and expression of key metabolic enzymes in dairy cattle [J] . Journal of Dairy Science, 101 (2): 1626-1637.

Moore S J, Vandevhaar M J, Sharma B K, et al, 2000. Effects of altering dietary cation- anion difference on calcium and energy metabolism in peripartum cows [J]. Journal of Dairy Science, 83: 2095-2104.

Oetiel G R, 2000. Management of dry cows for the prevention of milk fever and other mineral disorders [J] . Veterinary Clinics of North America Food Animal Practice, 16: 369-386.

Osorio J, Trevisi E, Ji P, et al, 2014. Biomarkers of inflammation, metabolism, and oxidative stress in blood, liver, and milk reveal a better immunometabolic status in peripartal cows supplemented with Smartamine M or Meta Smart [J] . Journal of Dairy Science, 97: 7437-7450.

Ringseis R, Gessner D K, Eder K, 2015. Molecular insights into the mechanisms of liver-associated diseases in early-lact ating dairy cows: hypothetical role of endoplasmic reticulum stress [J] . Journal of Animal Physiology and Animal Nutrition, 99 (4): 626-645.

Roche J, Bell A, Overton T, et al, 2013. Nutritional management of the transition cow in the 21st century-a paradigm shift in thinking [J] . Animal Production Science, 53: 1000-1023.

Shahsavari A, D'Occhio M J, Al Jassim R, 2016. The role of rumen-protected choline in hepatic function and performance of transition dairy cows [J] . British Journal of Nutrition, 116 (1): 35-44.

Shi X, Li D, Deng Q, et al, 2015. NEFAs activate the oxidative stress-mediated NF-κB signaling pathway to induce inflammatory response in calf hepatocytes [J] . The Journal of Steroid Biochemistry and Molecular Biology, 145: 103-112.

Shi X, Li X, Li D, et al, 2014. β-Hydroxybutyrate activates the NF-κB signaling pathway to promote the expression of pro-inflammatory factors in calf hepatocytes [J]. Cellular Physiology and Biochemistry, 33: 920-932.

Sordillo L, 2016. Nutritional strategies to optimize dairy cattle immunity [J] . Journal of Dairy Science, 99: 4967-4982.

Sordillo L, Mavangira V, 2014. The nexus between nutrient metabolism, oxidative stress and inflammation in transition cows [J] . Animal Production Science, 54: 1204-1214.

Sordillo L M, Aitken S L, 2009. Impact of oxidative stress on the health and immune function of dairy cattle [J] . Veterinary Immunology and Immunopathology, 128: 104-109.

Sordillo L M, Contreras G, Aitken S L, 2009. Metabolic factors affecting the inflammatory response of periparturient dairy cows [J] . Animal Health Research Reviews, 10: 53-63.

Sordillo L M, Raphael W, 2013. Significance of metabolic stress, lipid mobilization, and inflammation on transition cow disorders [J] . Veterinary Clinics of North America: Food Animal Practice, 29: 267-278.

Sun F, Cao Y, Cai C, et al, 2016. Regulation of nutritional metabolism in transition dairy cows: energy homeostasis and health in response to post-ruminal choline and methionine [J] . PLoS One, 11 (8): e0160659.

Turk R, Podpecan O, Mrkun J, et al, 2013. Lipid mobilisation and oxidative stress as metabolic adaptation processes in dairy heifers during transition period [J]. Animal

Reproduction Science, 141: 109-115.

Zebeli Q, Ghareeb K, Humer E, et al, 2015. Nutrition, rumen health and inflammation in the transition period and their role on overall health and fertility in dairy cows [J]. Research in Veterinary Science, 103: 126-136.

Zhou Z, Bulgari O, Vailati-Riboni M, et al, 2016a. Rumen-protected methionine compared with rumen-protected choline improves immunometabolic status in dairy cows during the peripartal period [J]. Journal of Dairy Science, 99: 8956-8969.

Zhou Z, Loor J, Piccioli-Cappelli F, et al, 2016b. Circulating amino acids during the peripartal period in cows with different liver functionality index [J]. Journal of Dairy Science, 99: 2257-2267.

Zhou Z, Garrow T A, Dong X, et al, 2017. Hepatic activity and transcription of betaine-homocysteine methyltransferase, methionine synthase, and cystathionine synthase in periparturient dairy cows are altered to different extents by supply of methionine and choline [J]. The Journal of Nutrition, 147: 11-19.

Zhou Z, Riboni M V, Luchini D, et al, 2016c. 0759 Rumen-protected methyl donors during the transition period: circulating plasma amino acids in response to supplemental rumen-protected methionine or choline [J]. Journal of Animal Science, 94: 364-365.

Zhou Z, Vailati-Riboni M, Trevisi E, et al, 2016d. Better postpartal performance in dairy cows supplemented with rumen-protected methionine compared with choline during the peripartal period [J]. Journal of Dairy Science, 99: 1-17.

Zom R, Van Baal J, Goselink R, et al, 2011. Effect of rumen-protected choline on performance, blood metabolites, and hepatic triacylglycerols of periparturient dairy cattle [J]. Journal of Dairy Science, 94: 4016-4027.

图书在版编目（CIP）数据

围产期奶牛代谢变化及易患疾病 / 马燕芬主编 . —
北京 ：中国农业出版社，2022.9
ISBN 978-7-109-30113-9

Ⅰ.①围… Ⅱ.①马… Ⅲ.①乳牛—围产期—饲养管理 Ⅳ.①S823.9

中国版本图书馆 CIP 数据核字（2022）第 184781 号

中国农业出版社出版
地址：北京市朝阳区麦子店街 18 号楼
邮编：100125
策划编辑：周晓艳　　文字编辑：耿韶磊
责任编辑：周晓艳
数字编辑：李沂航
版式设计：杜　然　　责任校对：吴丽婷
印刷：北京中兴印刷有限公司
版次：2022 年 9 月第 1 版
印次：2022 年 9 月北京第 1 次印刷
发行：新华书店北京发行所
开本：700mm×1000mm　1/16
印张：14.5
字数：190 千字
定价：60.00 元
